# Theoretische Physik kompakt II

Theoretische Physik kompakt II

Wolfgang Cassing

# Theoretische Physik kompakt II

## Elektrodynamik

Wolfgang Cassing
Theoretische Physik
Justus-Liebig-Universität Gießen
Gießen, Hessen, Deutschland

ISBN 978-3-031-96470-1      ISBN 978-3-031-96471-8   (eBook)
https://doi.org/10.1007/978-3-031-96471-8

Die Deutsche Nationalbibliothek verzeichnet diese Publikation in der Deutschen Nationalbibliografie; detaillierte bibliografische Daten sind im Internet über https://portal.dnb.de abrufbar.

Übersetzung der englischen Ausgabe: „Theoretical Physics compact II" von Wolfgang Cassing, © The Editor(s) (if applicable) and The Author(s), under exclusive license to Springer Nature Switzerland AG 2025. Veröffentlicht durch Springer Nature Switzerland. Alle Rechte vorbehalten.
Deutsche Übersetzung der 1. englischen Originalauflage erschienen bei Springer-Verlag GmbH, DE, 2025



Springer Spektrum ist ein Imprint der eingetragenen Gesellschaft Springer Nature Switzerland AG und ist ein Teil von Springer Nature.
Die Anschrift der Gesellschaft ist: Gewerbestrasse 11, 6330 Cham, Switzerland

Wenn Sie dieses Produkt entsorgen, geben Sie das Papier bitte zum Recycling.

*Gewidmet Herrn Prof. Dr. Achim Weiguny*

# Vorwort

Dieses Buch bietet ein Lehrbuch zur Elektrodynamik und ist insbesondere für Bachelor-Studierende im zweiten Studienjahr der Theoretischen Physik geeignet. Die mathematischen Voraussetzungen umfassen Kenntnisse in Differentiation und Integration, elementarer Linearer Algebra und Konzepten der Vektoranalysis. Mathematische Beweise werden so einfach wie möglich gehalten, jedoch weiterhin stringent.

Nach der Einführung des Konzepts der ‚Ladung' von Massenpunkten und Strategien zur Messung der ‚Ladung' wird das elektrische Feld $\mathbf{E}(\mathbf{r})$ definiert und für ein System von fixierten Punktladungen oder eine kontinuierliche Ladungsverteilung $\rho(\mathbf{r})$ (Elektrostatik) diskutiert. Es wird gezeigt, dass die Divergenz des elektrischen Feldes proportional zur Ladungsdichte $\rho(\mathbf{r})$ ist und das Feld selbst als negativer Gradient eines skalaren Potentials $\Phi(\mathbf{r})$ entsteht. Durch die Kombination dieser Erkenntnisse wird die Poisson-Gleichung für statische Ladungsverteilungen hergeleitet. Im Fall von konstanten Strömen $\mathbf{j}(\mathbf{r})$ entsteht ein Magnetfeld $\mathbf{B}(\mathbf{r})$, das für einfache Beispiele diskutiert und ausgewertet wird (Magnetostatik). Es wird festgestellt, dass dieses Feld durch eine verschwindende Divergenz gekennzeichnet ist und daher als Rotation eines Vektorfeldes $\mathbf{A}(\mathbf{r})$ geschrieben werden kann. Bei zeitabhängigen Ladungsverteilungen $\rho(\mathbf{r}; t)$ und Strömen $\mathbf{j}(\mathbf{r}; t)$ werden die Quellen durch eine Kontinuitätsgleichung gekoppelt, die den Erhalt der Gesamtladung impliziert. In diesem Fall (Elektrodynamik) sind die elektrischen und magnetischen Felder über das Induktionsgesetz von Faraday gekoppelt und die grundlegenden Gleichungen für die Felder $\mathbf{E}$ und $\mathbf{B}$ ergeben sich in Form der Maxwell'schen Gleichungen, die – zusammen mit der Lorentzkraft – die Elektrodynamik auf klassischer Ebene vollständig beschreiben.

Diese gekoppelten Differentialgleichungen sind jedoch schwierig direkt zu lösen. Durch die Einführung zeitabhängiger skalarer und Vektorpotentiale $\Phi(\mathbf{r}; t)$ und $\mathbf{A}(\mathbf{r}; t)$ werden allgemeine Wellengleichungen hergeleitet, indem die Tatsache ausgenutzt wird, dass diese Potentiale eine Eichfreiheit besitzen, d. h. sie liefern die gleichen Felder $\mathbf{E}$ und $\mathbf{B}$ bei Eichtransformationen. In diesem Zusammenhang werden die Coulomb- und Lorentz-Eichungen diskutiert. Darüber hinaus wird gezeigt, daß dem elektromagnetischen

Feld Energie, Impuls und Drehimpuls zugeordnet werden müssen und daß bei Strahlungsfeldern ein Strahlungsdruck auftritt. Dies ebnet den Weg für eine Interpretation der Felder als ‚Photonen' oder ‚$\gamma$-Quanten'.

Die Wellengleichungen werden zunächst im Vakuum, d. h. ohne externe Quellen, gelöst und polarisierte ebene Wellen werden als grundlegende Lösungen gefunden, die durch eine Kreisfrequenz $\omega$, eine Wellenzahl $\mathbf{k}$ und zwei zur Ausbreitungsrichtung $\mathbf{k}$ orthogonale Polarisationsvektoren gekennzeichnet sind. Eine Superposition ebener Wellen – in Form einer Fourier-Reihe – liefert dann die allgemeine Lösung im Vakuum in Form von Wellenpaketen, die zur Übertragung von Informationen genutzt werden können. Die allgemeine Lösung der inhomogenen Wellengleichungen wird mit Hilfe retardierter Green'scher Funktionen erhalten, die zu den retardierten Potentialen führen, bekannt als Li'enard-Wichert-Potentiale. Eine Lösung für ein System von bewegten Punktladungen wird explizit berechnet und es wird gezeigt, daß beschleunigte Ladungen elektromagnetische Strahlung erzeugen (oder absorbieren). Letztere wird in Bezug auf die Frequenz $\omega$ und die Winkelverteilung für elektrische und magnetische Dipolstrahlung sowie für elektrische Quadrupolstrahlung analysiert.

Das elektromagnetische Feld in Materie wird im zweiten Teil dieses Buches behandelt und makroskopische Raum-Zeit-Mittelwerte für die makroskopischen elektrischen und magnetischen Felder $\vec{\mathcal{E}}$ und $\vec{\mathcal{B}}$ werden eingeführt. Durch eine Trennung von ‚lokalisierten' und ‚freien' Ladungsträgern werden die Maxwellschen Gleichungen für die makroskopischen Felder hergeleitet, die eine dielektrische Polarisation $\vec{\mathcal{P}}$ und Magnetisierung $\vec{\mathcal{M}}$ beinhalten, die zu den Hilfsfeldern $\vec{\mathcal{D}}$ und $\vec{\mathcal{H}}$ addiert werden und experimentell leichter zu kontrollieren sind als die Felder $\vec{\mathcal{E}}$ und $\vec{\mathcal{B}}$. Die Energie, der Impuls und der Drehimpuls der Materiefelder werden ausgewertet und Kirchhoff's Regeln werden aus dem Ladungs- und Energieerhaltungssatz abgeleitet. Die elektrischen und magnetischen Eigenschaften der Materie werden anhand von Materialgleichungen analysiert, die in der linearen Response Theorie gelöst werden, was entweder zur elektrischen Leitfähigkeit, zur elektrischen Polarisation oder zur Magnetisierung führt. Darüber hinaus werden die Eigenschaften des elektromagnetischen Feldes an Grenzflächen abgeleitet und explizit für lineare und isotrope Medien diskutiert. In diesem Zusammenhang werden die Gesetze für Reflexion und Brechung von Licht sowie die Ausbreitung elektromagnetischer Wellen in leitenden Materialien abgeleitet.

Im letzten Teil dieses Buches wird eine kovariante Formulierung der Elektrodynamik vorgestellt und es wird gezeigt, daß die Grundgleichungen invariant gegenüber Lorentz-Transformationen sind, was zeigt, daß sie in jedem Inertialsystem die gleiche Form haben und damit Einstein's Prinzip der speziellen Relativitätstheorie genügen.

In den Anhängen werden einfache Einführungen (sowie Beispiele) für Volumenintegrale in verschiedenen Koordinatensystemen, Flächenintegrale sowie Linienintegrale gegeben. Der Satz von Gauß und der Satz von Stokes werden vorgestellt und mit Hilfe von Beispielen erläutert.

Gießen
Oktober 2024

Wolfgang Cassing

# Danksagungen

Dieses Buch ist das Ergebnis einer Zusammenarbeit mit vielen Studierenden und Mitarbeitern sowie Mitarbeiterinnen über etwa 35 Jahre gemeinsamen Lehrens und Forschens. Es folgt den Entwürfen meines Lehrers Prof. Dr. Achim Weiguny, dem dieser Band gewidmet ist. Besonderer Dank gilt meiner Tochter Marie für die Vorbereitung einiger Abbildungen und hilfreiche Kommentare zur Notation und Präsentation.

# Inhaltsverzeichnis

# Abbildungsverzeichnis

# Einführung in die Elektrodynamik

**1**

## Inhaltsverzeichnis



In diesem Kapitel führen wir das Konzept der ‚Ladung' von Massenpunkten ein und geben einen Überblick über die verschiedenen Teile dieses Buches, die spezielle Fragen im Kontext der Elektrodynamik im Vakuum und in Materie behandeln und schließlich zu einer kovarianten Formulierung der Elektrodynamik führen, die mit Einstein's Theorie der speziellen Relativitätstheorie übereinstimmt.

## 1.1 Elektrische Ladung

Während in der Mechanik die Eigenschaft **Masse** im Vordergrund steht, ist die **Ladung** von Massenpunkten Ausgangspunkt der Elektrodynamik. Sie besitzt eine Reihe von fundamentalen Eigenschaften, die durch vielfältige experimentelle Messungen gesichert sind:

1. Es gibt 2 Sorten von **Ladungen:** positive und negative. Ladungen gleichen Vorzeichens stoßen sich ab, Ladungen verschiedenen Vorzeichens ziehen sich an.
2. Die Gesamtladung eines Systems von Massenpunkten ist die algebraische Summe der Einzelladungen; die Ladung ist ein **Skalar.**

3. Die Gesamtladung eines abgeschlossenen Systems ist konstant und ihr Zahlenwert unabhängig vom Bewegungszustand des Systems.
4. Ladung kommt nur als Vielfaches einer **Elementarladung** $e$ (eines Elektrons) vor,

$$q = ne; \quad n = 0, \pm 1, \pm 2, \pm 3, \dots$$

Klassischer Nachweis für diese **Quantisierung** der Ladung ist der **Millikan-Versuch.** Den Elementarteilchen **Quarks** ordnet man zwar drittelzahlige Ladungen zu, d. h. $q = \pm 1/3e$ bzw. $q = \pm 2/3e$, jedoch sind diese **Quarks** im uns hier interessierenden Energiebereich nicht als freie Teilchen beobachtbar.

## 1.2  Elektrostatik

Das einfachste Problem der Elektrodynamik ist der Fall ruhender Ladungen, den wir mit **Elektrostatik** bezeichnen. Bringt man in die Umgebung einer (oder mehrerer) räumlich fixierter Punktladungen eine **Probeladung** $q$, so wirkt auf diese Probeladung eine Kraft $\mathbf{F}$, welche im allgemeinen vom Ort $\mathbf{r}$ der Probeladung abhängt:

$$\mathbf{F} = \mathbf{F}(\mathbf{r}).$$

Ersetzt man $q$ durch eine andere Probeladung $q'$, so findet man für die auf $q'$ wirkende Kraft $\mathbf{F'}$:

$$\mathbf{F'}/q' = \mathbf{F}/q.$$

Diese Erfahrung legt es nahe, den Begriff des **elektrischen Feldes**

$$\mathbf{E}(\mathbf{r}) = \frac{1}{q}\mathbf{F}(\mathbf{r})$$

einzuführen. Dieses von den ruhenden Punktladungen erzeugte Feld ordnet jedem Raumpunkt $\mathbf{r}$ ein Tripel reeller Zahlen zu, welches sich wie ein Vektor transformiert.

Aufgabe der Elektrostatik ist es, den allgemeinen Zusammenhang von Ladungsverteilung $\rho(\mathbf{r})$ und elektrischen Feld $\mathbf{E}(\mathbf{r})$ zu finden und daraus bei gegebener Ladungsverteilung (z. B. einer homogenen räumlichen Kugel) das Feld $\mathbf{E}(\mathbf{r})$ zu berechnen.

## 1.3    Magnetostatik

Bewegte Ladungen in Form stationärer Ströme sind der Ursprung magnetostatischer Felder, die wir in Analogie zu den elektrostatischen Feldern einführen wollen. Wir gehen von folgender experimenteller Erfahrung aus: Bringt man in die Umgebung eines von einem stationären Strom durchflossenen Leiters eine Probeladung $q$, so kann die auf $q$ am Ort $\mathbf{r}$ wirkende Kraft geschrieben werden als

$$\mathbf{F}(\mathbf{r}) = q(\mathbf{v} \times \mathbf{B}(\mathbf{r})).$$

Dabei ist $\mathbf{v}$ die Geschwindigkeit der Probeladung und $\mathbf{B}(\mathbf{r})$ ein (von $\mathbf{v}$ unabhängiges) Vektorfeld, hervorgerufen durch den vorgegebenen stationären Strom.

Aufgabe der Magnetostatik ist es, den allgemeinen Zusammenhang zwischen einer stationären Stromverteilung $\mathbf{j}(\mathbf{r})$ und dem magnetischen Feld $\mathbf{B}(\mathbf{r})$ zu finden und daraus bei gegebener Stromverteilung (z. B. für einen stationären Kreisstrom) das Feld $\mathbf{B}(\mathbf{r})$ zu berechnen.

## 1.4    Konzept des elektromagnetischen Feldes

Nach den bisherigen Ausführungen könnte der Eindruck entstehen, als seien das elektrische und das magnetische Feld von einander unabhängige Größen. Daß dies nicht der Fall ist, zeigen folgende einfache Überlegungen:

1. Wenn eine Punktladung $Q$ in einem Inertialsystem $\Sigma$ ruht, so mißt (über die auf eine Probeladung $q$ wirkende Kraft) ein Beobachter in $\Sigma$ ein elektrisches Feld $\mathbf{E} \neq 0$, jedoch kein Magnetfeld. Für einen anderen Beobachter in einem gegenüber $\Sigma$ bewegten Inertialsystem $\Sigma'$ ist die Ladung bewegt. Der Beobachter in $\Sigma'$ mißt daher sowohl ein elektrisches Feld $\mathbf{E}' \neq 0$ als auch ein magnetisches Feld $\mathbf{B}' \neq 0$. Die Wechselwirkung zwischen der betrachteten Ladung und einer Probeladung $q$ würde also von einem Beobachter in $\Sigma$ als **rein elektrische** Wechselwirkung (vermittelt durch das Feld $\mathbf{E}$) beschrieben, während ein Beobachter in $\Sigma'$ sowohl **elektrische** als auch **magnetische** Wechselwirkung feststellen würde (vermittelt durch die Felder $\mathbf{E}'$ und $\mathbf{B}'$). Diese Betrachtung zeigt, daß  man elektrisches und magnetisches Feld als eine Einheit ansehen muß, als **elektromagnetisches** Feld.

**Anmerkung** Für den in Abschn. 1.3 diskutierten Fall eines von einem stationären Strom durchflossenen Leiters tritt kein elektrisches Feld auf, da bei einem stationären Strom im Leiter kein **Ladungsstau** auftritt, so daß sich die im Leiter befindlichen positiven und negativen Ladungsträger (Gitterbausteine und Leitungselektronen) nach außen hin kompensieren.

2. Die wechselseitige Abhängigkeit von elektrischem und magnetischem Feld tritt unvermeidbar dann zu Tage, wenn wir beliebige Ladungs- und Stromverteilungen $\rho(\mathbf{r})$ und $\mathbf{j}(\mathbf{r})$ zulassen. Die Forderung der Ladungserhaltung ergibt dann eine Verknüpfung von $\rho$ und $\mathbf{j}$, da die Ladung in einem bestimmten Volumen V nur ab(zu)-nehmen kann, indem ein entsprechender Strom durch die Oberfläche von $V$ hinaus (hinein) fließt. Dann können aber **E** und **B** nicht mehr unabhängig voneinander berechnet werden.

## 1.5    Maxwell'sche Gleichungen

Den allgemeinen Zusammenhang zwischen den Feldern **E**, **B** und den Ladungen bzw. Strömen (den **Quellen** des elektromagnetischen Feldes) beschreiben die **Maxwell-Gleichungen.** Folgende Aufgabe ergibt sich:

1. die Maxwell-Gleichungen zu formulieren und experimentell zu begründen,
2. ihre Invarianzeigenschaften zu untersuchen, woraus sich direkt der Zugang zur speziellen Relativitätstheorie ergibt. Die Untersuchung wird zeigen, daß der Übergang von einem Inertialsystem zu einem anderen durch eine **Lorentz-Transformation** beschrieben werden muß, d. h. für alle Inertialbeobachter die **gleiche Physik gilt.**
3. Energie-, Impuls- und Drehimpuls-Bilanz für ein System geladener Massenpunkte im elektromagnetischen Feld werden dazu führen, dem elektromagnetischen Feld Energie, Impuls und Drehimpuls zuzuordnen. Daraus werden sich dann Begriffe wie **Strahlungsdruck** und die Einführung von **Photonen** ergeben.
4. Lösungstheorie der Maxwell-Gleichungen. Beispiele sind die Ausbreitung elektro magnetischer Wellen oder die Strahlung eines schwingenden elektrischen Dipols.

## 1.6    Materie im elektromagnetischen Feld

Die Maxwell-Gleichungen bestimmen im Prinzip die Felder $\mathbf{E}(\mathbf{r}, t)$ und $\mathbf{B}(\mathbf{r}, t)$ vollständig, wenn die Ladungsverteilung $\rho(\mathbf{r}, t)$ und die Stromverteilung $\mathbf{j}(\mathbf{r}, t)$ bekannt sind. In der Praxis treten dabei folgende Probleme auf:

1. Für ein System von $N$ geladenen Massenpunkten müßte man die Newton'schen Bewegungsgleichungen lösen, um $\rho(\mathbf{r}, t)$ und $\mathbf{j}(\mathbf{r}, t)$ **mikroskopisch** berechnen zu können. Für ein Stück Materie von **makroskopischen** Dimensionen (z. B. das Dielektrikum zwischen den Platten eines Kondensators oder dem Eisenkern einer stromdurchflossenen Spule) haben wir es mit $10^{20} - 10^{25}$ Massenpunkten zu tun!
2. Die mikroskopisch berechneten Funktionen $\rho(\mathbf{r}, t)$ und $\mathbf{j}(\mathbf{r}, t)$ werden im allgemeinen starke Schwankungen über kleine räumliche und zeitliche Distanzen aufweisen. Die Lösung von Maxwell-Gleichungen (mehrdimensionale Integrationen) wäre dann praktisch nicht durchführbar bzw. unökonomisch!

Einen Ausweg aus dieser Problematik bietet der folgende Kompromiß: Wir verzichten auf die Kenntnis des elektromagnetischen Feldes in mikroskopischen Dimensionen (Volumina von $10^{-24}\,\mathrm{cm}^3$, Zeiten von $10^{-8}\,\mathrm{s}$) und geben uns mit Mittelwerten ($10^{-6}\,\mathrm{cm}^3$, $10^{-3}\,\mathrm{s}$) zufrieden. Anstelle von $\rho(\mathbf{r}, t), \mathbf{j}(\mathbf{r}, t), \mathbf{E}(\mathbf{r}, t)$ und $\mathbf{B}(\mathbf{r}, t)$ treten dann Mittelwerte der Form

$$< \rho(\mathbf{r}, t) > = \frac{1}{\Delta V \Delta t} \int d^3\xi\, d\tau\; \rho(\mathbf{r} + \vec{\xi}, t + \tau)$$

und entsprechend für $< \mathbf{j}(\mathbf{r}, t) >$, $< \mathbf{E}(\mathbf{r}, t) >$ und $< \mathbf{B}(\mathbf{r}, t) >$. Aus den Maxwell-Gleichungen der mikroskopischen Felder ergeben sich dann Gleichungen ähnlicher Struktur für das makroskopische elektromagnetische Feld. Die darin auftretenden Verteilungen $< \rho >$ und $< \mathbf{j} >$ werden dann durch den experimentellen Aufbau definiert bzw. **eingestellt.**

Es hat sich in diesem Zusammenhang als zweckmäßig erwiesen, zu den Mittelwerten der **fundamentalen** Felder, der **elektrischen Feldstärke E** und der **magnetischen Induktion B,** noch zwei weitere Vektorfelder als Hilfsgrößen einzuführen: die **dielektrische Verschiebung D** und die **magnetische Feldstärke H.** Die dann zusätzlich benötigten Bestimmungsgleichungen gewinnt man durch Annahme eines linearen Zusammenhanges von **E** und **D** bzw. **B** und **H,** charakterisiert durch die **Dielektrizitätskonstante** $\epsilon$ und die **Permeabilität** $\mu$. Häufig ist die makroskopische Stromverteilung nicht von außen vorgebbar, sondern noch von den zu berechnenden Feldern abhängig. Im einfachsten Fall (Ohm'sches Gesetz) setzt man einen linearen Zusammenhang zwischen makroskopischem Strom und elektrischer Feldstärke an, womit (als Proportionalitätskonstante) eine weitere Materialkonstante ins Spiel kommt: die **elektrische Leitfähigkeit** $\sigma$. Die Berechnung dieser Materialkonstanten ($\epsilon, \mu, \sigma$) aus der atomaren Struktur der Materie gehört in den Bereich der Atom- und Festkörperphysik und benutzt Methoden der statistischen Mechanik.

Damit ergeben sich folgende **Aufgabenstellungen:**

1. Übergang von den mikroskopischen zu den makroskopischen Maxwell-Gleichungen.
2. Einführung von Materialkonstanten und ihre Berechnung aus der atomaren Struktur der Materie für einfache Modelle.
3. Verhalten der Felder an Grenzflächen zwischen verschiedenen Medien. Beispiel: Das Reflexions- und Brechungs-Gesetz der Optik.

## 1.7    Kovariante Formulierung der Elektrodynamik

Die Maxwell'schen Gleichungen sind nicht **Galilei-invariant** sondern **Lorentz-invariant.** Im letzten Teil dieses Buches werden wir eine vollständig kovariante Formulierung der Elektrodynamik vorstellen und die Vereinbarkeit mit Einstein's Prinzip der speziellen Relativitätstheorie aufzeigen.

# Teil I
## Elektrostatik

# Coulomb'sches Gesetz

## Inhaltsverzeichnis



In diesem Kapitel werden wir das elektrische Feld $\mathbf{E}(\mathbf{r})$ für ein System stationärer Punktladungen einführen und die Gesamtenergie des Systems berechnen. Außerdem wird eine asymptotische Multipolentwicklung des Feldes für lokalisierte Ladungsverteilungen analysiert, die zu charakteristischen Eigenschaften der Systeme führt, d. h. zur Gesamtladung $Q$, zum elektrischen Dipolmoment $\mathbf{d}$ und zum elektrischen Quadrupoltensor $Q_{ij}$.

## 2.1 Ladungserhaltung und Ladungsinvarianz

In der Einführung hatten wir die grundlegenden Eigenschaften der elektrischen Ladung kurz zusammengestellt. Zur experimentellen Prüfung dieser Eigenschaften benötigt man zunächst eine Meßvorschrift für **Ladung.** Eine solche Meßvorschrift wird im nächsten Unterkapitel nachgeliefert. Zuvor noch einige Ergänzungen zur Ladungserhaltung und Ladungsinvarianz.

Besonders eindrucksvolle Beweise für die Ladungserhaltung sind die Paar-Erzeugung und Paar-Vernichtung. So zerstrahlen z. B. ein Elektron ($e^-$) und ein Positron ($e^+$) in ein hochenergetisches **massives** Photon ($\gamma$-Quant), welches ungeladen ist; umgekehrt entsteht bei der Paar-Erzeugung (z. B. in $\pi^+$, $\pi^-$ Mesonen) stets gleich viel positive wie negative Ladung (siehe Abb. 2.1).

Die Ladungsinvarianz zeigt sich z. B. darin, daß Atome und Moleküle neutral sind, obwohl der Bewegungszustand von Photonen und Elektronen sehr unterschiedlich ist.


© Der/die Autor(en), exklusiv lizenziert an Springer Nature Switzerland AG 2025
W. Cassing, *Theoretische Physik kompakt II*,
https://doi.org/10.1007/978-3-031-96471-8_2

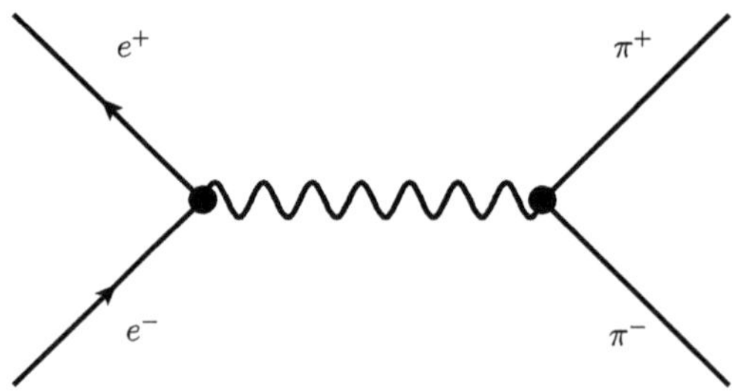



**Abb. 2.1** Electron-Positron Annihilation in ein $\pi^+\pi^-$ Paar. Die gesammte Ladung ist immer neutral

Besonders klar ist das Beispiel des Helium-Atoms ($^4He$) und des Deuterium-Moleküls ($D_2$). Beide bestehen aus 2 Protonen und 2 Neutronen sowie 2 Elektronen und sind damit elektrisch neutral, obwohl der Bewegungszustand der Protonen im Kern des Helium-Atoms und des $D_2$-Moleküls sehr verschieden sind: das Verhältnis der kinetischen Energien ist etwa $10^6$, der mittlere Abstand der Protonen im $D_2$-Molekül in der Größenordnung von $10^{-8}$ cm, im He-Kern von $10^{-13}$ cm.

## 2.2 Coulomb-Kraft

Als experimentell gesicherte **Grundlage für die Elektrostatik** benutzen wir das **Coulomb'sche** Kraftgesetz zwischen 2 Punktladungen:

$$\mathbf{F}_{12} = \Gamma_e \, \frac{q_1 q_2}{r_{12}^3} \, \mathbf{r}_{12} \qquad (2.1)$$

ist die von Ladung $q_1$ auf Ladung $q_2$ ausgeübte Kraft mit dem Vektor $\mathbf{r}_{12} = \mathbf{r}_1 - \mathbf{r}_2$ (siehe Abb. 2.2).

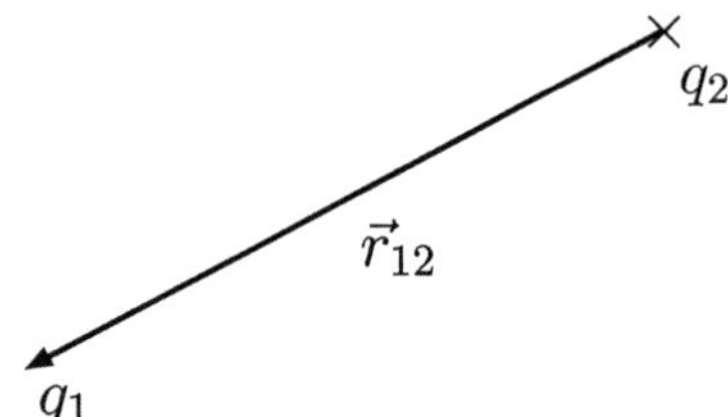



**Abb. 2.2** Relativ-Vektor $\mathbf{r}_{12}$ zwischen zwei Punktladungen $q_1$ und $q_2$

## Eigenschaften

1. Anziehung (Abstoßung) für ungleichnamige (gleichnamige) Ladungen.
2. $\mathbf{F}_{12} = -\mathbf{F}_{21}$ : Actio = Reactio; der Impuls der beiden Teilchen bleibt erhalten.
3. Zentralkraft: da eine Punktladung (beschrieben durch die skalaren Größen $m, q$) im Raum keine Richtung auszeichnet. ($\rightarrow$ Drehimpulserhaltung)

**Anmerkung** Für (schnell) bewegte Ladungen gilt (2.1) nicht mehr. Das elektromagnetische Feld ist dann in die Impuls- und Drehimpulsbilanz einzubeziehen.

Gl. (2.1) ist zu ergänzen durch das **Superpositionsprinzip:**

$$\mathbf{F}_1 = \mathbf{F}_{21} + \mathbf{F}_{31} \tag{2.2}$$

für die von 2 Punktladungen $q_2$ und $q_3$ auf $q_1$ ausgeübte Kraft.

## Meßvorschrift für Ladung

Vergleicht man 2 Ladungen $q, q'$ an Hand der von einer festen Ladung $Q$ auf sie ausgeübten Kraft, so findet man für Punktladungen gemäß (2.1):

$$\frac{q}{q'} = \frac{F}{F'}. \tag{2.3}$$

Damit sind Ladungsverhältnisse durch Kraftmessung zu bestimmen: Nach Wahl einer **Einheitsladung** (Ladung des Elektrons oder Positrons) können wir Ladungen relativ zu dieser Einheitsladung messen.

## Maßsysteme

Für die Festlegung der Proportionalitätskonstanten $\Gamma_e$ gibt es 2 Möglichkeiten:

i) Gauß'sches **cgs**-System: Hier wählt man $\Gamma_e$ als dimensionslose Konstante; speziell

$$\Gamma_e = 1, \tag{2.4}$$

dann ist über (2.1) die Dimension der Ladung bestimmt zu

$$[q] = [\text{Kraft}]^{1/2}[\text{Länge}] = \text{dyn}^{1/2} \times \text{cm}. \tag{2.5}$$

Die elektrostatische Einheit ist dann diejenige Ladung, die auf eine gleich große im Abstand von 1 cm die Kraft 1 dyn ausübt. Dieses System wird in der Grundlagenphysik bevorzugt. In der angewandten Elektrodynamik (Elektrotechnik) hat sich das

ii) **MKSA** – System

durchgesetzt, in dem zusätzlich zu den mechanischen Einheiten (Meter, Kilogramm, Sekunde) noch die Ladungseinheit **Coulomb** = Ampère-Sekunde auftritt. Dabei ist 1 Ampère der elektrische Strom, der aus einer Silbernitratlösung pro Sekunde 1.118 mg Silber abscheidet. Schreibt man

$$\Gamma_e = \frac{1}{4\pi\,\epsilon_0}, \tag{2.6}$$

so nimmt die Konstante $\epsilon_0$ den Wert

$$\epsilon_0 = 8{,}854 \cdot 10^{-12}\,\frac{\text{Coulomb}^2}{\text{Newton} \cdot \text{Meter}^2} \tag{2.7}$$

an.

## 2.3   Das elektrische Feld von ruhenden Punktladungen

Die von $N$ ruhenden Punktladungen $q_i$ an der Orten $\mathbf{r}_i$ auf eine Probeladung $q$ am Ort $\mathbf{r}$ ausgeübte Kraft ist nach (2.1) und (2.2):

$$\mathbf{F}(\mathbf{r}) = q\,\Gamma_e \sum_{i=1}^{N} \frac{q_i\,(\mathbf{r} - \mathbf{r}_i)}{|\mathbf{r} - \mathbf{r}_i|^3} = q\,\mathbf{E}(\mathbf{r}), \tag{2.8}$$

wobei wir (im MKSA-System)

$$\mathbf{E}(\mathbf{r}) = \sum_{i=1}^{N} \frac{q_i}{4\pi\,\epsilon_0}\,\frac{(\mathbf{r} - \mathbf{r}_i)}{|\mathbf{r} - \mathbf{r}_i|^3} \tag{2.9}$$

als (statisches) **elektrisches Feld** bezeichnen, welches von den Punktladungen $q_i$ am Ort $\mathbf{r}$ erzeugt wird. Es ist gemäß (2.8) ein Vektorfeld, da $q$ ein Skalar ist. Bei vorgegebener Ladung $q$ zeigt (2.8), wie man ein elektrisches Feld messen kann. Dabei ist darauf zu achten, daß die Probeladung so klein ist, daß man ihren Einfluß auf das auszumessende Feld vernachlässigen kann.

Analog dem Fall der Gravitationstheorie in der Mechanik kann man die Vektor-Funktion $\mathbf{E}(\mathbf{r})$ aus dem

**elektrischen Potential**

$$\Phi(\mathbf{r}) = \sum_{i=1}^{N} \frac{q_i}{4\pi\epsilon_0} \frac{1}{|\mathbf{r} - \mathbf{r}_i|}, \tag{2.10}$$

einer skalaren Funktion, durch Differentiation gewinnen:

$$\mathbf{E}(\mathbf{r}) = -\nabla\Phi(\mathbf{r}). \tag{2.11}$$

Die (potentielle) Energie der ruhenden Massenpunkte mit den Ladungen $q_i$ ist dann

$$U = \frac{1}{2}\sum_{i\neq j}^{N} \frac{q_i q_j}{4\pi\epsilon_0} \frac{1}{|\mathbf{r}_i - \mathbf{r}_j|} = \frac{1}{2}\sum_{i=1}^{N} q_i \Phi(\mathbf{r}_i), \tag{2.12}$$

wobei $\Phi(\mathbf{r}_i)$ das Potential am Ort $\mathbf{r}_i$ ist, welches die Ladungen dort erzeugen.

Bemerkung: In (2.12) muß strenggenommen die **Selbstenergie** für $i = j$ im rechten Ausdruck wieder abgezogen werden.

**Beispiele** siehe Abb. 2.3.

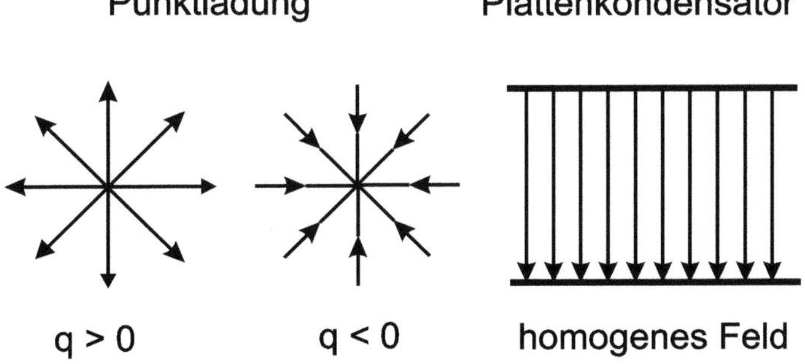


**Abb. 2.3** Skizze des elektrischen Feldes im Falle einer Punktladung und eines Plattenkondensators

## 2.4    Kontinuierliche Ladungsverteilungen

Wir ersetzen ($dV = d^3 r$)

$$\sum_i q_i \,.... \to \int dV \rho(\mathbf{r})... \tag{2.13}$$

mit der Normierung

$$Q = \sum_i q_i = \int dV \rho(\mathbf{r}). \tag{2.14}$$

Damit tritt anstelle von (2.9), (2.10), (2.12):

$$\mathbf{E}(\mathbf{r}) = \frac{1}{4\pi\epsilon_0} \int dV' \rho(\mathbf{r}') \frac{(\mathbf{r} - \mathbf{r}')}{|\mathbf{r} - \mathbf{r}'|^3}, \tag{2.15}$$

$$\Phi(\mathbf{r}) = \frac{1}{4\pi\epsilon_0} \int dV' \rho(\mathbf{r}') \frac{1}{|\mathbf{r} - \mathbf{r}'|} \tag{2.16}$$

und

$$U = \frac{1}{2} \int dV \rho(\mathbf{r}) \Phi(\mathbf{r}). \tag{2.17}$$

**Beispiel**  homogen geladene Kugel

$$\rho(\mathbf{r}) = \rho_0 \quad \text{für} \quad |\mathbf{r}| \leq R; \quad \rho(\mathbf{r}) = 0 \quad \text{sonst.} \tag{2.18}$$

Die Integration in (2.16) ergibt:

$$\Phi(\mathbf{r}) = \frac{Q}{4\pi\epsilon_0 |\mathbf{r}|} \quad \text{für} \quad r \geq R; \quad \Phi(\mathbf{r}) = \frac{\rho_0}{\epsilon_0} \left( \frac{R^2}{2} - \frac{r^2}{6} \right) \quad \text{für} \quad r \leq R \tag{2.19}$$

mit

$$Q = \int dV \rho(\mathbf{r}) = \frac{4\pi}{3} \rho_0 R^3. \tag{2.20}$$

Dann folgt für $\mathbf{E}$ aus (2.11):

$$\mathbf{E}(\mathbf{r}) = \frac{Q}{4\pi\epsilon_0}\frac{\mathbf{r}}{|\mathbf{r}|^3} \quad \text{für} \quad r \geq R; \quad \mathbf{E}(\mathbf{r}) = \frac{\rho_0}{3\epsilon_0}\mathbf{r} \quad \text{für} \quad r \leq R. \tag{2.21}$$

Für die Energie $U$ findet man mit (2.17) und (2.19):

$$U = \frac{\rho_0}{2}\int dV\,\Phi(\mathbf{r}) = \frac{4\pi\rho_0^2}{2\epsilon_0}\int_0^R r^2 dr\left(\frac{R^2}{2} - \frac{r^2}{6}\right)$$
$$= 2\pi\frac{\rho_0^2}{\epsilon_0}\frac{2R^5}{15} = \frac{3}{5}\frac{Q^2}{4\pi\epsilon_0}\frac{1}{R}. \tag{2.22}$$

**Anwendung**  Bestimmung des klassischen Elektronenradius.

Nach (2.22) wird die **Selbstenergie** eines punktförmigen Teilchens ($R \to 0$) unendlich. Nun ist nach der Relativitätstheorie die Energie eines ruhenden Teilchens, z. B. eines Elektrons, mit seiner Ruhemasse $m_0$ verknüpft durch

$$E_0 = m_0 c^2 \equiv U_e = \frac{3}{5}\frac{e^2}{4\pi\epsilon_0}\frac{1}{R_0}. \tag{2.23}$$

Ein streng punktförmiges (geladenes) Teilchen hätte also nach (2.22) eine unendlich große Ruhemasse! Führen wir andererseits die gesamte (endliche) Ruhemasse eines Elektrons auf seine elektrostatische Energie zurück, so müssen wir dem Elektron einen endlichen Radius $R_0$, den **klassischen Elektronenradius** zuordnen,

$$R_0 = \frac{3}{5}\frac{e^2}{4\pi\epsilon_0 m_0 c^2} \approx 10^{-13}\,\text{cm} = 1\,\text{fm}. \tag{2.24}$$

Für Dimensionen $< 10^{-13}$ cm müssen wir also für Elektronen mit Abweichungen vom Coulomb'schen Gesetz rechnen.

## 2.5    Multipolentwicklung

Wir betrachten ein auf ein endliches Volumen $V$ begrenzte Ladungsverteilung (diskret oder kontinuierlich) und untersuchen ihr Potential $\Phi(\mathbf{r})$ in einem Punkt P weit außerhalb von $V$ (siehe Abb. 2.4).

Der Koordinatenursprung $O$ möge innerhalb $V$ liegen; wir können z. B. $O$ als Ladungsschwerpunkt, definiert durch

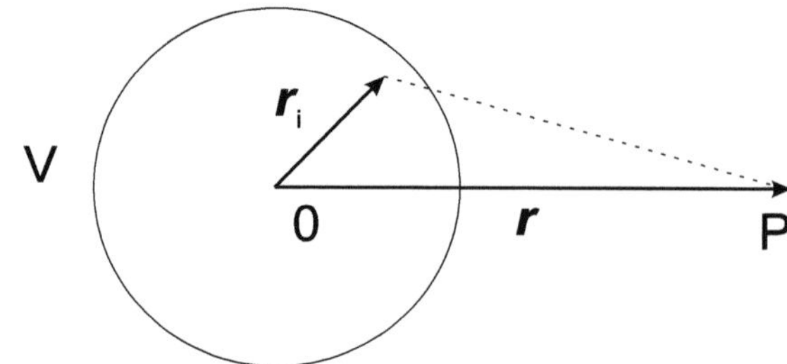

**Abb. 2.4** Die Ladungsverteilung $\rho(\mathbf{r})$ ist im Volumen $V$ lokalisiert; der Punkt $P$ ist weit entfernt von $V$

$$\mathbf{r}_q = \frac{\sum_i |q_i| \mathbf{r}_i}{\sum_i |q_i|} \tag{2.25}$$

wählen. Solange $r_i \ll r$, können wir (2.10) durch eine Taylor-Reihe darstellen,

$$\Phi(\mathbf{r}) = \Phi_0(\mathbf{r}) + \Phi_1(\mathbf{r}) + \Phi_2(\mathbf{r}) + \Phi_3(\mathbf{r}) + \dots \tag{2.26}$$

Unter Verwendung der Taylor-Entwicklung

$$f(\mathbf{r} - \mathbf{a}) = \sum_{n=0}^{\infty} \frac{1}{n!} (-\mathbf{a} \cdot \nabla_r)^n \, f(\mathbf{r}) \tag{2.27}$$

für eine (beliebig oft differenzierbare) skalare Funktion $f(\mathbf{r})$ oder in unserem Fall

$$\frac{1}{|\mathbf{r} - \mathbf{r}_i|} = \sum_{n=0}^{\infty} \frac{1}{n!} (-\mathbf{r}_i \cdot \nabla_r)^n \frac{1}{r} = \frac{1}{r} - \mathbf{r}_i \cdot \nabla_r \frac{1}{r} + \frac{1}{2} (\mathbf{r}_i \cdot \nabla_r)^2 \frac{1}{r} \cdots \tag{2.28}$$

$$= \frac{1}{r} - \left( x_i \frac{\partial}{\partial x} + y_i \frac{\partial}{\partial y} + z_i \frac{\partial}{\partial z} \right) \frac{1}{r} + \frac{1}{2} \left( x_i \frac{\partial}{\partial x} + y_i \frac{\partial}{\partial y} + z_i \frac{\partial}{\partial z} \right)^2 \frac{1}{r} \cdots$$

lauten die ersten Terme:

1. **Monopol-Anteil:**

$$\Phi_0(\mathbf{r}) = \sum_i \frac{q_i}{4\pi\epsilon_0 r} = \frac{1}{4\pi\epsilon_0} \frac{Q}{r} \tag{2.29}$$

beschreibt eine am Ursprung $O$ lokalisierte Punktladung $Q$. In 0. Näherung der Taylor-Entwicklung, d. h. aus genügend großer Entfernung, sieht jede Ladungsverteilung wie eine Punktladung aus!

2. **Dipol-Anteil:**
   Der in den Koordinaten $\mathbf{r}_i$ der Punktladungen lineare Term hat folgende Form:

$$
\Phi_1(\mathbf{r}) = \tag{2.30}
$$

$$
-\sum_i \frac{q_i}{4\pi\epsilon_0} x_i \frac{\partial}{\partial x}\left(\frac{1}{|\mathbf{r}-\mathbf{r}_i|}\right)_{r_i=0} - \sum_i \frac{q_i}{4\pi\epsilon_0} y_i \frac{\partial}{\partial y}\left(\frac{1}{|\mathbf{r}-\mathbf{r}_i|}\right)_{r_i=0} - \sum_i \frac{q_i}{4\pi\epsilon_0} z_i \frac{\partial}{\partial z}\left(\frac{1}{|\mathbf{r}-\mathbf{r}_i|}\right)_{r_i=0}
$$

$$
= -\sum_i \frac{q_i}{4\pi\epsilon_0}\left(x_i \frac{\partial}{\partial x} + y_i \frac{\partial}{\partial y} + z_i \frac{\partial}{\partial z}\right)\frac{1}{r}
$$

$$
= -\frac{\mathbf{d}}{4\pi\epsilon_0}\cdot\nabla\left(\frac{1}{r}\right) = \frac{\mathbf{d}\cdot\mathbf{r}}{4\pi\epsilon_0 r^3} = \frac{d\cos\theta}{4\pi\epsilon_0 r^2}
$$

wobei der Vektor $\mathbf{d}$, das **Dipolmoment,** gegeben ist durch

$$
\mathbf{d} = \sum_i q_i \mathbf{r}_i. \tag{2.31}
$$

Der Winkel $\theta$ ist der Winkel zwischen $\mathbf{r}$ und $\mathbf{d}$ (siehe Abb. 2.5).

Bei den Umformungen in (2.30) wurde benutzt (exemplarisch für $\partial/\partial x$):

**Abb. 2.5** Definition des Winkels $\theta$ in (2.30)

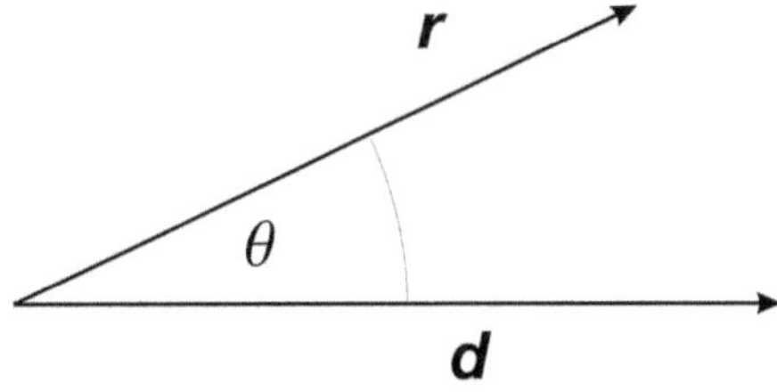

$$\frac{\partial}{\partial x}\left(\frac{1}{r}\right) = \frac{\partial r}{\partial x}\frac{\partial}{\partial r}\left(\frac{1}{r}\right) = -\frac{1}{r^2}\frac{\partial r}{\partial x} = -\frac{1}{r^2}\frac{x}{r}. \tag{2.32}$$

**Abhängigkeit des Dipolmoments vom Koordinatenursprung**
Verschiebt man den Ursprung $O$ um $\mathbf{a}$, so wird

$$\mathbf{d}' = \sum_i q_i\,(\mathbf{r}_i - \mathbf{a}) = \sum_i q_i\mathbf{r}_i - \mathbf{a}\sum_i q_i = \mathbf{d} - \mathbf{a}Q. \tag{2.33}$$

Falls $Q \neq 0$, kann man $\mathbf{a}$ so wählen, daß $\mathbf{d}' = 0$ wird. Wenn dagegen $Q = 0$ ist, so wird dagegen $\mathbf{d} = \mathbf{d}'$ unabhängig vom Ursprung und das Dipolmoment beschreibt eine echte **innere** Eigenschaft des betrachteten Systems.

**Konstruktionsanleitung**
Man bestimme die Schwerpunkte der positiven bzw. negativen Ladungsträger. Fallen diese zusammen, so ist nach (2.31) $\mathbf{d} = 0$. Andernfalls gibt ihre Verbindungslinie die Richtung von $\mathbf{d}$, ihr Abstand ist ein Maß für den Betrag von $\mathbf{d}$.

**Beispiel** Moleküle (Abb. 2.6).

3. **Quadrupol-Anteil:**
   Wir betrachten den quadratischen Term in der Taylor-Reihe (2.28) und erhalten

$$
\begin{aligned}
4\pi\epsilon_0\Phi_2(\mathbf{r}) = \frac{1}{2}\Bigg\{ &Q_{xx}\frac{\partial^2}{\partial x^2}\left(\frac{1}{r}\right) + Q_{yy}\frac{\partial^2}{\partial y^2}\left(\frac{1}{r}\right) + Q_{zz}\frac{\partial^2}{\partial z^2}\left(\frac{1}{r}\right) \\
+ &Q_{xy}\frac{\partial^2}{\partial x\partial y}\left(\frac{1}{r}\right) + Q_{yz}\frac{\partial^2}{\partial y\partial z}\left(\frac{1}{r}\right) + Q_{zx}\frac{\partial^2}{\partial z\partial x}\left(\frac{1}{r}\right), \\
+ &Q_{yx}\frac{\partial^2}{\partial y\partial x}\left(\frac{1}{r}\right) + Q_{zy}\frac{\partial^2}{\partial z\partial y}\left(\frac{1}{r}\right) + Q_{xz}\frac{\partial^2}{\partial x\partial z}\left(\frac{1}{r}\right)\Bigg\},
\end{aligned}
\tag{2.34}
$$

   wobei

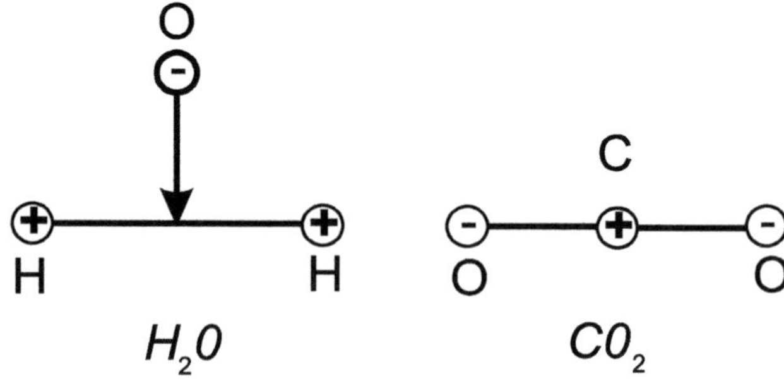


**Abb. 2.6** Skizze der positiven und negativen Ladungsschwerpunkte für die Ladungsverteilung von $H_2O$ und $CO_2$

$$Q_{xx} = \sum_i q_i\, x_i^2; \qquad Q_{xy} = \sum_i q_i\, x_i y_i; \qquad etc. \tag{2.35}$$

die Komponenten des **Quadrupol-Tensors** sind. Er ist symmetrisch und reell und kann daher stets diagonalisiert werden:

$$Q_{mn} = Q_m \delta_{mn}, \tag{2.36}$$

d. h.

$$4\pi\epsilon_0 \Phi_2(\mathbf{r}) = \frac{1}{2}\left\{ Q_x \frac{\partial^2}{\partial x^2} + Q_y \frac{\partial^2}{\partial y^2} + Q_z \frac{\partial^2}{\partial z^2} \right\} \left(\frac{1}{r}\right) \tag{2.37}$$

im Hauptachsensystem, in welchem der Quadrupol-Tensor diagonal ist. Es besteht hier eine weitgehende Analogie zum Trägheitstensor in der Mechanik.

**Physikalische Normierung der Diagonalelemente**
Die Beziehung

$$\Delta\left(\frac{1}{r}\right) = \left(\frac{\partial^2}{\partial x^2} + \frac{\partial^2}{\partial y^2} + \frac{\partial^2}{\partial z^2}\right)\frac{1}{r} = \left(\frac{\partial}{\partial x}\frac{x}{r}\frac{\partial}{\partial r} + \frac{\partial}{\partial y}\frac{y}{r}\frac{\partial}{\partial r} + \frac{\partial}{\partial z}\frac{z}{r}\frac{\partial}{\partial r}\right)\frac{1}{r} \tag{2.38}$$

$$= -\frac{3}{r^3} + 3\frac{x^2 + y^2 + z^2}{r^5} = 0 \quad \text{für} \quad r \neq 0$$

erlaubt uns die Komponenten (2.35) in (2.36) im Hauptachsensystem zu ersetzen durch:

$$Q_x = \sum_i q_i\left(x_i^2 - \frac{r_i^2}{3}\right) = \frac{1}{3}\sum_i q_i\{2x_i^2 - y_i^2 - z_i^2\}, \tag{2.39}$$

$$Q_y = \frac{1}{3}\sum_i q_i\{2y_i^2 - x_i^2 - z_i^2\}, \qquad Q_z = \frac{1}{3}\sum_i q_i\{2z_i^2 - x_i^2 - y_i^2\},$$

ohne dabei $\Phi_2(\mathbf{r})$ zu ändern, denn ein Zusatzterm $-r^2\Delta(\frac{1}{r})$ in (2.37) hat keine Wirkung auf $\Phi_2(\mathbf{r})$. Die Gl. (2.39) zeigen, daß die Eigenwerte $Q_m$ die Abweichungen von der Kugelsymmetrie beschreiben, denn für sphärische Ladungsverteilungen wird:

$$\sum_i q_i \, x_i^2 = \sum_i q_i \, y_i^2 = \sum_i q_i \, z_i^2 = \frac{1}{3} \sum_i q_i \, r_i^2 \;\rightarrow\; Q_m = 0. \qquad (2.40)$$

**Spezialfall** Axialsymmetrie z. B. um die z-Achse. Dann wird mit

$$< x^2 >_q := \frac{1}{3} \sum_i q_i x_i^2 \; =\; < y^2 >_q, \qquad < z^2 >_q := \frac{1}{3} \sum_i q_i z_i^2$$

$$Q_x \;=\; < x^2 >_q - \; < z^2 >_q \;=\; Q_y \;=\; -\frac{1}{2} Q_z \;=\; -\frac{1}{2} \left( 2 < z^2 >_q - 2 < x^2 >_q \right), \qquad (2.41)$$

d. h. der Quadrupol-Anteil $\Phi_2(\mathbf{r})$ ist durch 1 Zahl, das **Quadrupolmoment,** zu kennzeichnen. Für diesen Fall ist die Winkelabhängigkeit von $\Phi_2(\mathbf{r})$ leicht anzugeben: Wir bilden

$$\frac{\partial^2}{\partial x^2} \left( \frac{1}{r} \right) = -\frac{\partial}{\partial x} \left( \frac{x}{r^3} \right) = -\frac{1}{r^3} + 3 \frac{x^2}{r^5} = \frac{3x^2 - r^2}{r^5}, \qquad (2.42)$$

$$\frac{\partial^2}{\partial y^2} \left( \frac{1}{r} \right) = \frac{3y^2 - r^2}{r^5}, \qquad \frac{\partial^2}{\partial z^2} \left( \frac{1}{r} \right) = \frac{3z^2 - r^2}{r^5},$$

und finden mit (2.41):

$$\begin{aligned}
\Phi_2(\mathbf{r}) &= \frac{1}{4\pi\epsilon_0} \frac{1}{2r^5} \left( Q_x(3x^2 - r^2) + Q_y(3y^2 - r^2) + Q_z(3z^2 - r^2) \right) \qquad (2.43) \\
&= \frac{1}{4\pi\epsilon_0} \frac{Q_z}{2r^5} \left( -\frac{1}{2}(3x^2 - r^2) - \frac{1}{2}(3y^2 - r^2) + (3z^2 - r^2) \right) \\
&= \frac{1}{4\pi\epsilon_0} \frac{Q_z}{4r^5} \left( -3x^2 - 3y^2 + 6z^2 - 3z^2 + 3z^2 \right) \\
&= \frac{3 Q_z (3z^2 - r^2)}{4\pi\epsilon_0 \cdot 4r^5} = \frac{Q_0}{4\pi\epsilon_0} \cdot \frac{(3\cos^2\theta - 1)}{2r^3},
\end{aligned}$$

wobei

$$Q_0 = \frac{3}{2} Q_z \qquad (2.44)$$

als **Quadrupolmoment** der axialsymmetrischen Ladungsverteilung bezeichnet wird.

Gl. (2.43) zeigt die für den Quadrupol-Anteil charakteristische $r$-Abhängigkeit; die Winkelabhängigkeit ist deutlich von der des Dipol-Terms zu unterscheiden.

**Kontinuierliche Ladungsverteilungen**

Analog zu Abschnitt 1.4 erhalten wir für eine kontinuierliche (räumlich begrenzte) Ladungsverteilung ($dV = d^3r$):

$$\mathbf{d} = \int dV \rho(\mathbf{r})\, \mathbf{r} \tag{2.45}$$

anstelle von Gl. (2.31) und (2.39) ist zu ersetzen durch:

$$Q_x = \frac{1}{3} \int dV \rho(\mathbf{r})\, (2x^2 - y^2 - z^2),$$

$$Q_y = \frac{1}{3} \int dV \rho(\mathbf{r})\, (2y^2 - x^2 - z^2),$$

$$Q_z = \frac{1}{3} \int dV \rho(\mathbf{r})\, (2z^2 - x^2 - y^2). \tag{2.46}$$

**Beispiel** Eine ganze Reihe von Atomkernen ist (axialsymmetrisch) deformiert und elektrostatisch durch ein Quadrupolmoment $Q_0$ charakterisiert. Ebenso kann durch Coulomb-Anregung ein Atomkern in einen angeregten und quadrupolartig deformierten (rotierenden) Zustand versetzt werden. Solche deformierten und rotierenden Atomkerne zerfallen durch die Emission von elektromagnetischer Strahlung in den Grundzustand. Die Abweichungen von der Kugelsymmetrie können dabei sowohl **positiv,** $Q_0 > 0$ (linke Seite der Abb. 2.7), als auch **negativ** sein, $Q_0 < 0$ (rechte Seite der Abb. 2.7) , was anschaulich einer **Zigarre** bzw. einer **Scheibe** entspricht.

**Abb. 2.7** Beispiele für axialsymmetrische Ladungsverteilungen mit positivem (links) und negativen (rechts) Quadrupolmoment

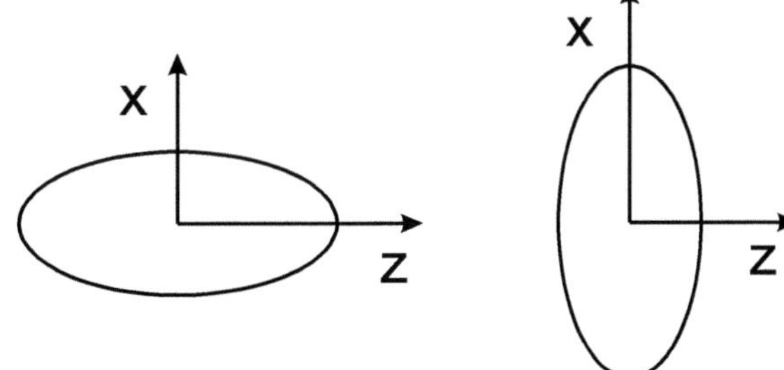

Zusammenfassend haben wir in diesem Kapitel das elektrische Feld $\mathbf{E}(\mathbf{r})$ für ein System stationärer Punktladungen eingeführt und die Gesamtenergie des Systems berechnet. Außerdem wurde eine asymptotische Multipolentwicklung des Feldes für lokalisierte Ladungsverteilungen analysiert, die zu charakteristischen Eigenschaften der Systeme führt, d. h. zur Gesamtladung $Q$, zum elektrischen Dipolmoment $\mathbf{d}$ und zum elektrischen Quadrupoltensor $Q_{ij}$.

# Grundlagen der Elektrostatik 3

## Inhaltsverzeichnis



In diesem Kapitel werden wir formellere Aspekte der Elektrostatik behandeln und den Fluss eines Vektorfeldes einführen. Das Gesetz von Gauß ermöglicht es, den Fluß des elektrostatischen Feldes durch eine geschlossene Fläche mit der Gesamtladung innerhalb des von der Fläche umschlossenen Volumens in Beziehung zu setzen. Einige Anwendungen des Gauß'schen Gesetzes werden diskutiert und Differentialgleichungen für das elektrostatische Feld $\mathbf{E}$ und sein Potential $\Phi$ hergeleitet.

## 3.1    Fluß eines Vektor-Feldes

Wir wollen im Folgenden nach äquivalenten Formulierungen des Coulomb'schen Gesetzes suchen. Dazu führen wir den Begriff des **Flusses eines Vektor-Feldes** ein.

Ein Vektor-Feld $\mathbf{A}(\mathbf{r})$ sei auf einer Fläche $F$ definiert. $F$ sei **meßbar** und **zweiseitig**, d.h. $F$ möge einen endlichen Flächeninhalt besitzen und **Ober**- und **Unterseite** von $F$ seien (durch die Flächennormale) wohl definiert. **Gegenbeispiel:** das Möbius'sche Band.

Den Fluß des Vektor-Feldes **A** durch die Fläche $F$ definieren wir dann durch das Oberflächenintegral

$$\int_F \mathbf{A}(\mathbf{r}) \cdot d\mathbf{f} = \int_F A_n(\mathbf{r})\, df, \tag{3.1}$$

wobei $A_n$ die Komponente von **A** in Richtung der Flächennormalen ist.

Zur Interpretation von (3.1) betrachten wir eine Flüssigkeitsströmung mit der Geschwindigkeit $\mathbf{v}(\mathbf{r})$ und der Dichte $\rho(\mathbf{r})$. Wählen wir

$$\mathbf{A}(\mathbf{r}) = \rho(\mathbf{r})\mathbf{v}(\mathbf{r}), \tag{3.2}$$

so bedeutet

$$\int_F \mathbf{A}(\mathbf{r}) \cdot d\mathbf{f} = \int_F \rho(\mathbf{r})\mathbf{v}(\mathbf{r}) \cdot d\mathbf{f} \tag{3.3}$$

die pro Zeiteinheit durch $F$ fließende Menge Flüssigkeit. Gl. (3.3) zeigt, daß nur die senkrecht zur Strömung stehende Fläche (in Richtung der Flächennormalen) wirksam wird.

## 3.2    Satz von Gauß

Wir wählen nun für $\mathbf{A}(\mathbf{r})$ das elektrostatische Feld $\mathbf{E}(\mathbf{r})$ und für $F$ eine geschlossene Fläche mit den oben erwähnten Eigenschaften. Dann ist der **elektrische Fluß**

$$\Psi = \oint_F \mathbf{E}(\mathbf{r}) \cdot d\mathbf{f} = \oint_F E_n(\mathbf{r})\, df \tag{3.4}$$

mit der in dem Volumen $V$ enthaltenen Gesamtladung $Q$ verknüpft durch **(Satz von Gauß)**:

$$\Psi = \oint_F \mathbf{E}(\mathbf{r}) \cdot d\mathbf{f} = \frac{Q}{\epsilon_0}. \tag{3.5}$$

**Beweis**

1. Schritt: $q$ sei eine einzelne Punktladung im Mittelpunkt einer Kugel mit Radius R. Dann ist in jedem Punkt der Kugeloberfläche $\mathbf{E}(\mathbf{r})$ parallel zu der (äußeren) Flächennormale **n** (siehe Abb. 3.1)
   und für den Betrag von **E** gilt:

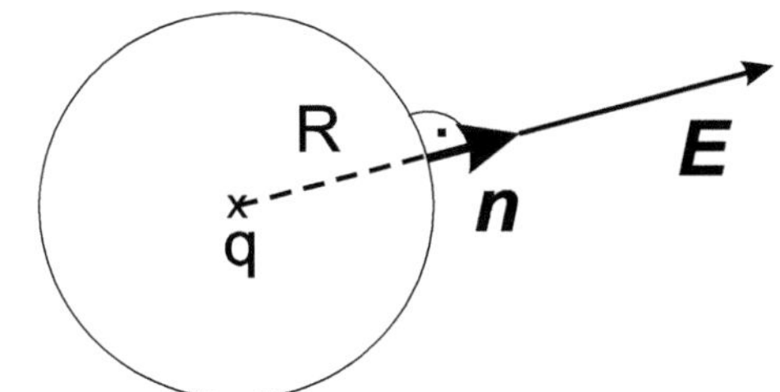


**Abb. 3.1** Für eine einzelne Ladung $q$ im Zentrum der Kugel mit Radius $R$ ist das elektrische Feld in Richtung des Oberflächenvektors **n** ausgerichtet

$$E = E_n = \frac{q}{4\pi \epsilon_0 R^2}. \tag{3.6}$$

Also wird:

$$\Psi = \oint \frac{q}{4\pi \epsilon_0 R^2} R^2 d\Omega = \frac{q}{4\pi \epsilon_0} \oint d\Omega = \frac{q}{\epsilon_0} \tag{3.7}$$

unabhängig von Radius $R$ der Kugel.

2. Schritt: Wir ersetzen die Kugeloberfläche durch eine im Rahmen der unter Abschn. 2.1 genannten Voraussetzungen beliebige geschlossene Fläche (siehe Abb. 3.2), Ausschnitt (siehe Abb. 3.3):

Dann wird

$$\Psi = \oint_F \frac{q\cos\theta}{4\pi \epsilon_0 R^2} df = \oint_F \frac{q}{4\pi \epsilon_0 R^2} df' = \frac{q}{4\pi \epsilon_0} \oint d\Omega = \frac{q}{\epsilon_0}, \tag{3.8}$$

da der Flächenvektor **df'** parallel zu **E** liegt und der Winkel zwischen **df** und **df'** durch $\theta$ gegeben ist.

3. Schritt: $q$ liege außerhalb $F$ (siehe Abb. 3.4).

Unter Beachtung der jeweiligen Normalenrichtung (nach außen!) findet man, daß sich z. B. die Beiträge aus der Umgebung von Punkt 1 und 2 gerade wegheben. Dabei geht wieder ein, daß die Feldstärke $\mathbf{E}(\mathbf{r})$ stets radial (von $q$ aus) gerichtet ist und wie $1/R^2$ abfällt, während $df$ mit $R^2$ zunimmt. Man erhält also

$$\Psi = 0 \tag{3.9}$$

für den elektrischen Fluß.

4. Schritt: Für $N$ Punktladungen $q_i$ innerhalb von $F$ finden wir nach dem Superpositionsprinzip:

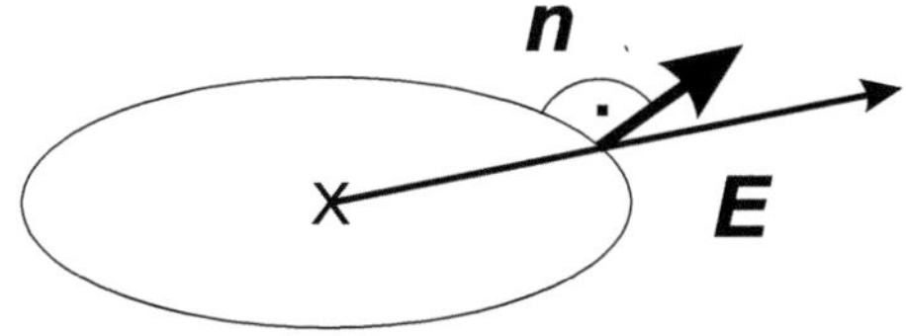


**Abb. 3.2** Illustration für eine geschlossene Fläche um die Ladung $q$ im Zentrum

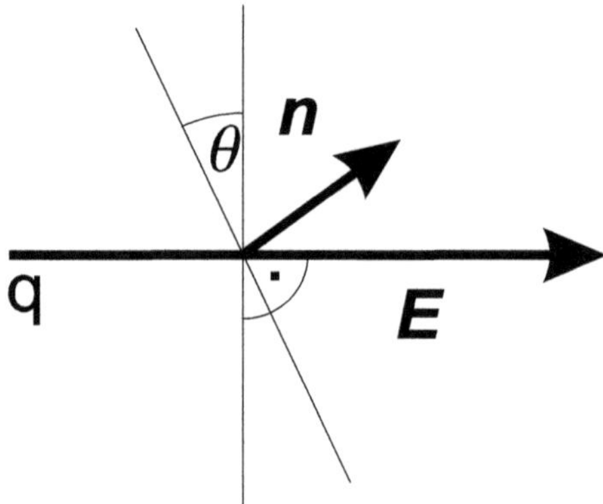

**Abb. 3.3** Winkel an der Oberfläche der geschlossenen Fläche aus Abb. 3.2

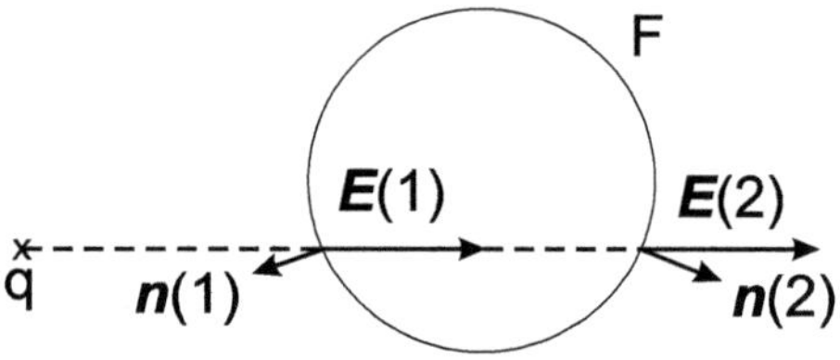

**Abb. 3.4** Ausrichtung des E-Feldes auf der Oberfläche einer Kugel, die nicht die Ladung $q$ enthält

$$\Psi = \frac{1}{\epsilon_0} \sum_{i=1}^{N} q_i = \frac{Q}{\epsilon_0}. \tag{3.10}$$

## 3.3  Anwendungen des Gauß'schen Satzes

Für symmetrische Ladungsverteilungen bietet (3.5) die Möglichkeit, die Feldstärke $\mathbf{E}(\mathbf{r})$ mit geringem Aufwand zu berechnen. Wir betrachten 2 **Beispiele:**

1. **Feld einer homogen-raumgeladenen Kugel.** Sei

$$\rho(\mathbf{r}) = \rho(r) \quad \text{für} \quad r \le R, \qquad \rho(\mathbf{r}) = 0 \quad \text{sonst.} \tag{3.11}$$

Aufgrund der Kugelsymmetrie ist $\mathbf{E}(\mathbf{r})$ radial gerichtet, sodaß

$$\Psi = \oint_{F(r)} \mathbf{E}(\mathbf{r}) \cdot d\mathbf{f} = 4\pi r^2 E(r) = \frac{Q_r}{\epsilon_0} = \frac{4\pi}{\epsilon_0} \int_0^r r'^2 \rho(r')dr', \tag{3.12}$$

wobei $E(r) = |\mathbf{E}((|\mathbf{r}|)|$ und $Q_r$ die in einer konzentrischen Kugel mit Radius r enthaltene Ladung ist.

Für Punkte mit $r \geq R$ ist $Q_r = Q$ die Gesamtladung und es folgt aus (3.12):

$$E(r) = \frac{Q}{4\pi\epsilon_0 r^2} \quad \text{für} \quad r \geq R. \tag{3.13}$$

Für $r \leq R$ hängt das Ergebnis von der speziellen Form von $\rho(r)$ ab. Als Beispiel wählen wir

$$\rho(r) = \rho_0 = \text{const}, \tag{3.14}$$

dann wird:

$$Q_r = \frac{4\pi}{3} r^3 \rho_0, \tag{3.15}$$

also wie in (2.21):

$$E(r) = \frac{Q_r}{4\pi r^2 \epsilon_0} = \frac{\rho_0}{3\epsilon_0} r. \tag{3.16}$$

Man vergleiche den Rechenaufwand hier mit dem, den Gl. (2.15) erfordert!

2. **Homogen geladene, unendlich ausgedehnte Ebene** (siehe Abb. 3.5).

Aus Symmetriegründen steht $\mathbf{E}$ senkrecht zur Ebene, der Betrag $E = |\mathbf{E}|$ ist gleich für die Punkte 1 und 2, welche von der Ebene den Abstand $r$ haben mögen. Der Gauß'sche Satz ergibt dann:

**Abb. 3.5** Skizze des elektrischen Feldes für eine geladene, unendlich ausgedehnte Ebene

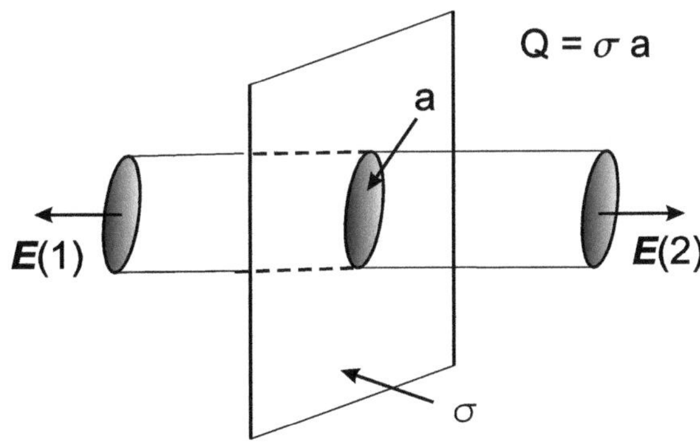

$$\Psi = \oint_F \mathbf{E} \cdot d\mathbf{f} = aE(1) + aE(2) = \frac{Q}{\epsilon_0} = \frac{\sigma a}{\epsilon_0}, \tag{3.17}$$

wenn $a$ die Zylindergrundfläche ist und $\sigma$ die Flächenladungsdichte. Vom Zylinder-Mantel erhält man keinen Beitrag, da $\mathbf{E}$ keine Komponente in Richtung der Normalen auf dem Zylinder-Mantel hat. Ergebnis:

$$E = \frac{\sigma}{2\epsilon_0} \tag{3.18}$$

unabhängig von $r$.

## 3.4　Differentialgleichungen für E und Φ

Wir wollen den Gauß'schen Satz (3.5) in differentieller Form darstellen. Dazu formen wir das Flächenintegral um in ein Volumenintegral über das von $F = \partial V$ eingeschlossene Volumen $V$ (**Gauß'sche Formel**):

$$\oint_F \mathbf{E}(\mathbf{r}) \cdot d\mathbf{f} = \int_V \nabla \cdot \mathbf{E}(\mathbf{r})\, dV = \frac{Q}{\epsilon_0}. \tag{3.19}$$

Mit

$$Q = \int_V \rho(\mathbf{r})\, dV \tag{3.20}$$

folgt dann:

$$\int_V \left( \nabla \cdot \mathbf{E}(\mathbf{r}) - \frac{\rho(\mathbf{r})}{\epsilon_0} \right) dV = 0. \tag{3.21}$$

Gl. (3.21) muß für beliebige Volumen $V$ gelten, kann also nur erfüllt sein, wenn der Integrand verschwindet:

$$\nabla \cdot \mathbf{E}(\mathbf{r}) = \frac{\rho(\mathbf{r})}{\epsilon_0}. \tag{3.22}$$

Gl. (3.22) ändert sich nicht, wenn man zu $\mathbf{E}(\mathbf{r})$ eine beliebige divergenzfreie Vektorfunktion $\mathbf{E}'(\mathbf{r})$ addiert; Gl. (3.22) reicht daher zur Bestimmung des elektrischen Feldes nicht aus. Eine weitere differenzielle Beziehung für $\mathbf{E}(\mathbf{r})$ erhalten wir aus (vgl. (2.11))

$$\mathbf{E}(\mathbf{r}) = -\nabla \Phi(\mathbf{r}) \tag{3.23}$$

über die Vektorindentität

$$\nabla \times (\nabla f) = 0, \tag{3.24}$$

nämlich (**Wirbelfreiheit**):

$$\nabla \times \mathbf{E}(\mathbf{r}) = 0. \tag{3.25}$$

Aus (3.22) und (3.25) kann man bei gegebener Ladungsverteilung $\rho(\mathbf{r})$ die Feldstärke des elektrostatischen Feldes bestimmen, was jedoch recht aufwändig ist.

In der Praxis geht man noch einen Schritt weiter von der Feldstärke $\mathbf{E}(\mathbf{r})$ zum Potential $\Phi(\mathbf{r})$, aus dem sich durch Differentiation gemäß (3.23) $\mathbf{E}(\mathbf{r})$ gewinnen läßt. Setzt man (3.23) in (3.22) ein, so erhält man

$$\nabla \cdot (\nabla \Phi)(\mathbf{r}) = \Delta \Phi(\mathbf{r}) = -\frac{\rho(\mathbf{r})}{\epsilon_0} \tag{3.26}$$

die **Poisson'sche Gleichung** mit der Abkürzung

$$\Delta = \frac{\partial^2}{\partial x^2} + \frac{\partial^2}{\partial y^2} + \frac{\partial^2}{\partial z^2}. \tag{3.27}$$

Hat man eine Lösung von (3.26) gefunden, so kann man dazu eine beliebige Lösung der homogenen Gleichung (**Laplace-Gleichung**)

$$\Delta \Phi(\mathbf{r}) = 0 \tag{3.28}$$

addieren und erhält eine neue Lösung von (3.26). Diese Mehrdeutigkeit kann man durch Vorgabe von Randbedingungen beseitigen. Für die weitere Diskussion sei auf Kap. 4 verwiesen!

## 3.5  Energie des elektrostatischen Feldes

Um eine Punktladung $q_1$ aus dem Unendlichen an eine Ladung $q_2$ auf den Abstand $r_{12}$ heranzubringen, benötigt (oder gewinnt) man die Energie

$$U = \frac{q_1 q_2}{4\pi \epsilon_0 r_{12}}. \tag{3.29}$$

Will man aus $N$ Punktladungen $q_i$ eine bestimmte (durch die Abstände der Ladungen $q_i$ charakterisierte) Ladungsanordnung aufbauen, so benötigt (oder gewinnt) man entsprechend die Energie

$$U = \frac{1}{2} \sum_{i \neq j} \frac{q_i q_j}{4\pi \epsilon_0 r_{ij}}; \qquad (3.30)$$

der Faktor 1/2 sorgt dafür, daß Doppelzählungen vermieden werden, die Einschränkung $i \neq j$ schließt **Selbstenergien** der Punktladungen aus.

Stellt man das Bild der Punktladungen in den Mittelpunkt der Betrachtungen, so interpretiert man $U$ als die **potentielle Energie** eines Systems von geladen Massenpunkten. Man kann auch das Bild des elektrischen Feldes in den Mittelpunkt stellen. Dann ist die zum Aufbau des elektrischen Feldes benötigte Energie $U$ im elektrischen Feld **gespeichert** in Form von **Feldenergie.**

Da die Coulomb-Kraft konservativ ist, geht die beim Aufbau des Feldes (also der Herstellung einer bestimmten Ladungsanordnung) geleistete Arbeit nicht verloren.

Um den Zusammenhang der beiden Betrachtungsweisen quantitativ zu fassen, formen wir (3.30) um (vgl. Kap. 2):

$$U = \frac{1}{2} \sum_i q_i \Phi(\mathbf{r}_i) = \frac{1}{2} \int_V \rho(\mathbf{r}) \Phi(\mathbf{r})\, dV, \qquad (3.31)$$

wobei $\Phi(\mathbf{r}_i)$ das Potential am Ort $\mathbf{r}_i$ der $i$-ten Punktladung ist, welches die anderen Punktladungen dort erzeugen. Gl. (3.31) können wir mit (3.26) umschreiben zu:

$$U = -\frac{\epsilon_0}{2} \int_V \Phi(\mathbf{r}) \Delta \Phi(\mathbf{r})\, dV. \qquad (3.32)$$

Gl. (3.32) beschreibt die Energie $U$ vollständig durch das Potential $\Phi$, d. h. durch das elektrostatische Feld ohne Bezug auf die Ladungen, die dieses Feld erzeugt haben. Man kann $U$ – statt durch das Potential $\Phi$ – durch die Feldstärke $\mathbf{E}$ ausdrücken, wenn man die Identität

$$\nabla \cdot (f \nabla g) = (\nabla f) \cdot (\nabla g) + f \Delta g \qquad (3.33)$$

für $f = g = \Phi$ benutzt, d. h. $\Phi\Delta\Phi = \nabla \cdot (\Phi\nabla\Phi) - (\nabla\Phi)^2$:

$$U = \frac{\epsilon_0}{2} \int_V (\nabla\Phi(\mathbf{r}))^2 dV - \frac{\epsilon_0}{2} \int_V \nabla \cdot (\Phi(\mathbf{r})\nabla\Phi(\mathbf{r}))\, dV, \tag{3.34}$$

und die Gauß'sche Formel anwendet, wonach

$$\int_V \nabla \cdot (\Phi(\mathbf{r})\nabla\Phi(\mathbf{r}))\, dV = \oint_F \Phi(\mathbf{r})\nabla\Phi(\mathbf{r}) \cdot d\mathbf{f} \tag{3.35}$$

mit $F = \partial V$ als Oberfläche von $V$. Wenn sich nun alle Ladungen im Endlichen befinden, so verschwindet das Oberflächenintegral (3.35) mit zunehmendem Volumen $V$, da $\Phi(\mathbf{r})\nabla\Phi(\mathbf{r})$ mit wachsendem Abstand vom Ladungszentrum wie $R^{-3}$ abfällt, während die Oberfläche nur mit $R^2$ anwächst. Im Limes $V \to \infty$ bleibt also:

$$U = \frac{\epsilon_0}{2} \int_V (\nabla\Phi(\mathbf{r}))^2\, dV = \frac{\epsilon_0}{2} \int_V \mathbf{E}^2(\mathbf{r})\, dV \tag{3.36}$$

als die im Feld gespeicherte Energie. Die Größe $\epsilon_0 \mathbf{E}^2(\mathbf{r})/2$ gibt dann die **Energiedichte** an.

## 3.6 Multipole im äußeren elektrischen Feld

Wenn eine räumlich lokalisierte Ladungsverteilung $\rho$ in ein **äußeres** elektrostatisches Feld, gegeben durch sein Potential $\Phi_a$, gebracht wird, so gilt (entsprechend den Überlegungen von Abschn. 3.5) für seine Energie

$$U = \int_V \rho(\mathbf{r})\Phi_a(\mathbf{r})dV, \tag{3.37}$$

wenn man annimmt, daß das äußere Feld durch $\rho$ nicht (merklich) geändert wird und die das äußere Feld $\Phi_a$ hervorrufenden Ladungen sich außerhalb des Gebietes $V$ befinden, auf das $\rho$ beschränkt ist. Damit erklärt sich das Fehlen des Faktors 1/2 in (3.37) verglichen mit (3.31). Weiter sei $\Phi_a$ im Volumen $V$ langsam veränderlich, so daß wir $\Phi_a$ bzgl. des Ladungsschwerpunktes in eine Taylor-Reihe entwickeln können:

$$\Phi_a(\mathbf{r}) = \Phi_a(0) + \sum_{i=1}^{3} x_i \frac{\partial\Phi_a}{\partial x_i}(0) + \frac{1}{2}\sum_{i,j=1}^{3} x_i x_j \frac{\partial^2\Phi_a}{\partial x_i \partial x_j}(0) + \dots \tag{3.38}$$

Da im Gebiet $V$ für das äußere Feld

$$\nabla \cdot \mathbf{E}_a = 0 \tag{3.39}$$

nach Annahme gilt, können wir (vgl. Abschn. 2.5) Gl. (3.38) wie folgt umformen:

$$\Phi_a(\mathbf{r}) = \Phi_a(0) - \sum_{i=1}^{3} x_i E_{ia}(0) - \frac{1}{2} \sum_{i,j=1}^{3} \left(x_i x_j - \frac{r^2}{3}\delta_{ij}\right) \frac{\partial E_{ia}}{\partial x_j}(0) + \ldots \qquad (3.40)$$

mit $E_{ia}(0) = -\partial/\partial x_i \Phi_a(0)$. Kombination von (3.37) und (3.40) ergibt:

$$U = \int_V \rho(\mathbf{r})\Phi_a(\mathbf{r})\,dV \qquad\qquad (3.41)$$

$$= \int_V \rho(\mathbf{r}) \left( \Phi_a(0) - \sum_{i=1}^{3} x_i E_{ia}(0) - \frac{1}{2} \sum_{i,j=1}^{3} \left(x_i x_j - \frac{r^2}{3}\delta_{ij}\right) \frac{\partial E_{ia}}{\partial x_j}(0) + \ldots \right) dV$$

$$= Q\Phi_a(0) - \sum_{i=1}^{3} d_i E_{ia}(0) - \frac{1}{2} \sum_{i,j=1}^{3} Q_{ij} \frac{\partial E_{ia}}{\partial x_j}(0) + \ldots$$

Gl. (3.41) zeigt, wie die Multipolmomente einer Ladungsverteilung $\rho(\mathbf{r})$ mit einem äußeren Feld $\mathbf{E}_a$ in Wechselwirkung tritt: die Gesamtladung $Q$ mit dem Potential $\Phi_a$, das Dipolmoment $\mathbf{d}$ mit der Feldstärke $\mathbf{E}_a$, der Quadrupoltensor $Q_{ij}$ mit dem Feldgradienten $\partial E_{ia}/\partial x_j$ etc.

**Anwendungsbeispiele** sind atomare Dipole in äußeren elektrischen Feldern, Wechselwirkung des Kern-Quadrupolments mit der Elektronenhülle oder mit zeitabhängigen elektrischen Feldern (z. B. in Kernreaktionen unterhalb der Coulombbarriere).

Zusammenfassend haben wir in diesem Kapitel den Fluss eines Vektorfeldes eingeführt und das Gesetz von Gauß hergeleitet, das den Fluß des elektrostatischen Feldes durch eine geschlossene Fläche mit der Gesamtladung innerhalb des von der Fläche umschlossenen Volumens in Beziehung setzt. Einige Anwendungen des Gauß'schen Gesetzes wurden vorgestellt und Differentialgleichungen für das elektrostatische Feld $\mathbf{E}$ und sein Potential $\Phi$ hergeleitet. Außerdem wurde die Energiedichte des elektrostatischen Feldes berechnet und die Wechselwirkung einer statischen Ladungsverteilung mit einem äußeren Feld analysiert.

# Randwertprobleme der Elektrostatik $\qquad$ 4

## Inhaltsverzeichnis



Die Lösung der Poisson-Gleichung unterliegt im allgemeinen Randbedingungen, die gleichzeitig erfüllt werden müssen. Neben einer Diskussion über die Eindeutigkeit der Lösung in diesem Kapitel werden wir drei praktische Methoden zur Berechnung von $\Phi(\mathbf{r})$ im Falle spezifischer Randbedingungen vorstellen, die Spiegelmethode, die Inversionsmethode und die Methode der Variablentrennung.

## 4.1 Eindeutigkeitstheorem

Wir wollen im Folgenden zeigen, daß die Poisson-Gleichung bzw. die Laplace-Gleichung eine eindeutige Lösung besitzt, wenn eine der folgenden Randbedingungen gilt:

i) **Dirichlet – Bedingung**

$$\Phi(\mathbf{r}) \text{ ist vorgegeben auf einer geschlossenen Fläche } F \qquad (4.1)$$

oder ii) **von Neumann-Bedingung**

$$\nabla \Phi(\mathbf{r}) \text{ ist vorgegeben auf einer geschlossenen Fläche } F. \qquad (4.2)$$

**Beweis** Wir nehmen an, daß es 2 Lösungen $\Phi_1(\mathbf{r})$ bzw. $\Phi_2(\mathbf{r})$ von


© Der/die Autor(en), exklusiv lizenziert an Springer Nature Switzerland AG 2025 $\qquad$ 33
W. Cassing, *Theoretische Physik kompakt II*,
https://doi.org/10.1007/978-3-031-96471-8_4

$$\Delta\Phi(\mathbf{r}) = -\frac{\rho}{\epsilon_0} \tag{4.3}$$

mit den gleichen Randbedingungen, (4.1) oder (4.2), gibt. Dann gilt für die Differenz $U(\mathbf{r}) = \Phi_1(\mathbf{r}) - \Phi_2(\mathbf{r})$:

$$\Delta U(\mathbf{r}) = 0 \tag{4.4}$$

in dem von $F$ umschlossenen Volumen $V$. Weiter ist wegen der Randbedingungen

$$U(\mathbf{r}) = 0 \qquad \text{auf } F \tag{4.5}$$

oder

$$\nabla U(\mathbf{r}) = 0 \qquad \text{auf } F. \tag{4.6}$$

Mit der Identität

$$\nabla \cdot (U(\mathbf{r})\nabla U(\mathbf{r})) = (\nabla U)^2(\mathbf{r}) + U(\mathbf{r})\Delta U(\mathbf{r}) \tag{4.7}$$

und (4.4) wird:

$$\int_V (\nabla U)^2(\mathbf{r})dV = \int_V \nabla \cdot (U(\mathbf{r})\nabla U(\mathbf{r}))dV = \oint_F U(\mathbf{r})\nabla U(\mathbf{r}) \cdot d\mathbf{f} = 0 \tag{4.8}$$

mit Hilfe der Formel von Gauß, falls eine der beiden Bedingungen (4.5) oder (4.6) gilt. Also:

$$\int_V (\nabla U)^2(\mathbf{r})dV = 0, \tag{4.9}$$

d. h. es ist in $V$:

$$\nabla U(\mathbf{r}) = 0, \tag{4.10}$$

da $(\nabla U)^2(\mathbf{r}) \geq 0$. Damit wird

$$U(\mathbf{r}) = \text{const} \tag{4.11}$$

und $\Phi_1(\mathbf{r})$ und $\Phi_2(\mathbf{r})$ unterscheiden sich höchstens um eine (physikalisch unwesentliche) Konstante.

**Sonderfall:** $V \to \infty$

Wenn $V$ der gesamte 3 dim. Raum ist, so ist die Lösung der Poisson-Gleichung eindeutig, falls $\rho(\mathbf{r})$ auf einen endlichen Bereich beschränkt ist und $\Phi(\mathbf{r})$ asymptotisch so schnell abfällt, daß

$$r^2 \Phi(\mathbf{r})\frac{\partial\Phi}{\partial n}(\mathbf{r}) \to 0 \qquad \text{für } r \to \infty, \tag{4.12}$$

wobei $\partial\Phi/\partial n$ die Normalen-Ableitung von $\Phi(\mathbf{r})$ bezeichnet. Der obige Beweis überträgt sich direkt, wenn man beachtet, daß die Oberfläche bei festem Rauminhalt wie $r^2$ wächst.

## 4.2    Spiegelungsmethodes

Diese Methode besteht darin, außerhalb des zu untersuchenden Bereichs sogenannte **Spiegel-Ladungen** geeigneter Größe so anzubringen, daß mit ihrer Hilfe gerade die geforderten Randbedingungen erfüllt werden. Dieses Verfahren ist deshalb erlaubt, weil man zur Lösung der (inhomogenen) Poisson-Gleichung jede Lösung der (homogenen) Laplace-Gleichung addieren darf (vgl. Abschn. 3.4) Durch die Spiegelungsmethode wird diejenige Lösung der Laplace-Gleichung ausgewählt, die zusammen mit der gewählten speziellen Lösung der Poisson-Gleichung die geforderten Randbedingungen erfüllt.

Als einfaches **Beispiel** betrachten wir eine Punktladung $q$ im Abstand $a$ von einer leitenden Ebene, welche geerdet sei (d. h. $\Phi = 0$ auf der Ebene). Die Spiegelladung $q'$ denken wir uns bzgl. der Ebene spiegelsymmetrisch zu $q$ angebracht (Abb. 4.1 rechts). Dann beträgt das Potential im Punkt $P$:

$$4\pi\epsilon_0 \Phi(P) = \frac{q}{r} + \frac{q'}{r'} \tag{4.13}$$

und wir erhalten wie gefordert $\Phi = 0$ für alle Punkte der leitenden Ebene, x = 0, wenn wir wählen:

$$q' = -q. \tag{4.14}$$

In dem (uns interessierenden) Bereich $x > 0$ ist $q/(4\pi\epsilon_0 r)$ eine spezielle Lösung der Poisson-Gleichung, $q'/(4\pi\epsilon_0 r')$ eine Lösung der Laplace-Gleichung, die gerade dafür sorgt, daß für x = 0 die geforderte Randbedingung gilt.

Für die $x$-Komponente des elektrischen Feldes **E** erhält man aus (4.13) und (4.14):

$$E_x(P) = -\frac{\partial\Phi}{\partial x} = \frac{q}{4\pi\epsilon_0}\left(\frac{x-a}{r^3} - \frac{x+a}{r^3}\right), \tag{4.15}$$

also gilt für die Ebene $x = 0$,

**Abb. 4.1** Punktladung $q$ im Abstand $a$ von der Leiterplatte mit Potential $\Phi = 0$ (links). Die Spiegelladung $q'$ ist dann spiegelsymmetrisch zu der Ladung $q$ angeordnet (rechts)

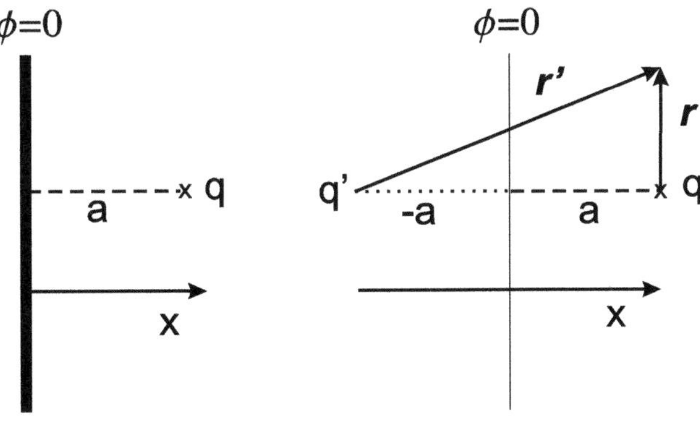

$$E_x(x=0) = -\frac{2qa}{4\pi\epsilon_0 r^3}. \tag{4.16}$$

Die Komponenten in der $x=0$ Ebene verschwinden, da das elektrische Feld senkrecht auf der Ebene $x=0$ steht (anderfalls würde ein Strom in der Ebenenoberfläche fliessen bzw. das Potential auf der Fläche nicht konstant sein). Gl. (4.16) bedeutet nach dem Gauß'schen Satz (vgl. Abschn. 3.2), daß in der Ebene $x=0$ eine Ladung mit der (ortsabhängigen) Flächendichte

$$\sigma = \epsilon_0 E_x(x=0) = -\frac{qa}{2\pi r^3} \tag{4.17}$$

durch die Anwesenheit der Punktladung $q$ **influenziert** wird.

## 4.3    Inversionsmethode

Es sei $\Phi(r, \theta, \phi)$ das Potential, das durch Punktladungen $q_i$ am Ort $\mathbf{r} = (r, \theta, \phi)$ erzeugt wird:

$$\Phi(r, \theta, \phi) = \sum_i \frac{q_i}{4\pi\epsilon_0\sqrt{r^2 + r_i^2 - 2rr_i\cos\gamma_i}}; \tag{4.18}$$

hier bezeichnen $(r_i, \theta_i, \phi_i)$ die Orte der Punktladungen $q_i$ und $\gamma_i$ den Winkel zwischen $\mathbf{r}$ und $\mathbf{r}_i$. Dann ist

$$\bar{\Phi}(r, \theta, \phi) = \frac{a}{r}\Phi(\frac{a^2}{r}, \theta, \phi) \tag{4.19}$$

das Potential, das die Punktladungen

$$\bar{q} = \frac{aq_i}{r_i} \tag{4.20}$$

bei $(a^2/r_i, \theta_i, \phi_i)$ am Ort $(r, \theta, \phi)$ erzeugen.

**Beweis**  Wir kombinieren Gl. (4.19) und (4.18) zu

$$\bar{\Phi}(r, \theta, \phi) = \frac{a}{r}\sum_i \frac{q_i}{4\pi\epsilon_0\sqrt{a^4/r^2 + r_i^2 - 2a^2 r_i\cos\gamma_i/r}} \tag{4.21}$$

$$= \sum_i \frac{aq_i/r_i}{4\pi\epsilon_0\sqrt{r^2 + a^4/r_i^2 - 2a^2 r\cos\gamma_i/r_i}}.$$

Als **Anwendungsbeispiel** betrachten wir eine Punktladung gegenüber einer leitenden Kugel, welche sich auf dem Potential $\Phi = 0$ befinden soll. Wir ersetzen die Kugel durch eine Punktladung $\bar{q}$, deren Größe und Position so zu wählen sind, daß das resultierende Potential von $q$ und $\bar{q}$ auf der Kugeloberfläche gerade verschwindet. Das von der Punktladung $q$, lokalisiert am Ort $(r_q, 0, 0)$, im Punkt $(r, \theta, \phi)$ erzeugte Potential werde mit $\Phi(r, \theta, \phi)$ bezeichnet. Setzt man nun die Ladung $\bar{q} = -Rq/r_q$ an den Ort $(R^2/r_q, 0, 0)$ (siehe Abb. 4.2)

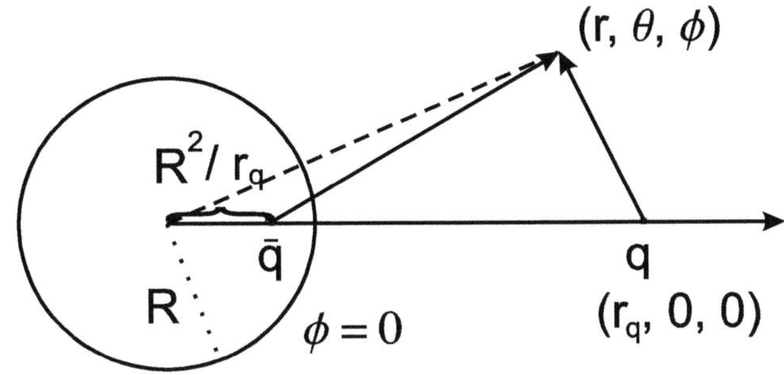

**Abb. 4.2** Geometrie einer leitenden Kugel mit Radius $R$ und verschwindendem Potential $\Phi$ auf der Oberfläche sowie die Position der Ladung $\bar{q}$



so ist das von $\bar{q}$ am Ort $(r, \theta, \phi)$ erzeugte Potential nach (4.19):

$$\bar{\Phi}(r, \theta, \phi) = -\frac{R}{r}\Phi(\frac{R^2}{r}, \theta, \phi). \tag{4.22}$$

Auf der Kugeloberfläche, $r = R$, wird:

$$\bar{\Phi}(R, \theta, \phi) = -\Phi(R, \theta, \phi), \tag{4.23}$$

also wie gefordert

$$\bar{\Phi}(R, \theta, \phi) + \Phi(R, \theta, \phi) = 0. \tag{4.24}$$

Die gesuchte Lösung der Poisson-Gleichung außerhalb der leitenden Kugel ist dann:

$$\bar{\Phi}(r, \theta, \phi) + \Phi(r, \theta, \phi) \tag{4.25}$$

mit

$$\Phi(r, \theta, \phi) = \frac{q}{4\pi\epsilon_0|\mathbf{r} - \mathbf{r}_q|}. \tag{4.26}$$

## 4.4    Trennung der Variablen

Wir suchen im folgenden Beispiel nach Lösungen der Laplace-Gleichung

$$\Delta\Phi(\mathbf{r}) = 0 \tag{4.27}$$

und nehmen dabei der Einfachheit halber an, daß $\Phi(\mathbf{r})$ von $z$ nicht abhängt,

$$\Phi(\mathbf{r}) = \Phi(x, y). \tag{4.28}$$

Dann vereinfacht sich (4.27) in kartesischen Koordinaten zu:

$$(\frac{\partial^2}{\partial x^2} + \frac{\partial^2}{\partial y^2})\Phi(x, y) = 0 \tag{4.29}$$

Da (4.29) keinen **Mischterm** $\partial^2/\partial x \partial y \, \Phi$ enthält, liegt es nahe, folgenden **Separationsansatz** zu machen:

$$\Phi(x, y) = f(x)g(y); \tag{4.30}$$

dann geht (4.29) über in:

$$g(y)\frac{\partial^2}{\partial x^2}f(x) + f(x)\frac{\partial^2}{\partial y^2}g(y) = 0. \tag{4.31}$$

Mit Ausnahme der Nullstellen von $f$ und $g$ ist (4.31) äquivalent zu:

$$\frac{1}{f(x)}\frac{\partial^2 f}{\partial x^2} + \frac{1}{g(y)}\frac{\partial^2 g}{\partial y^2} = 0. \tag{4.32}$$

Der 1. Term in (4.32) hängt nur von $x$, der 2. nur von $y$ ab; da $x$ und $y$ unabhängige Variablen sind, folgt aus (4.32):

$$\frac{1}{f(x)}\frac{\partial^2 f}{\partial x^2} = \text{const} = -\frac{1}{g(y)}\frac{\partial^2 g}{\partial y^2}. \tag{4.33}$$

Wählen wir die Konstante in (4.33) z. B. positiv reell ($= k^2$), so erhalten wir folgende Differentialgleichungen:

$$\frac{\partial^2 f}{\partial x^2} - k^2 f(x) = 0; \qquad \frac{\partial^2 g}{\partial y^2} + k^2 g(y) = 0 \tag{4.34}$$

mit den Lösungen:

$$f(x) = a\, \exp(kx) + b\, \exp(-kx); \qquad g(y) = c\, \sin(ky) + d\, \cos(ky). \tag{4.35}$$

Die Integrationskonstanten $a, b, c, d$ und die Separationskonstante $k$ werden durch Randbedingungen festgelegt. Als **Beispiel** betrachten wir einen in $z$-Richtung unendlich ausgedehnten Rechteck-Zylinder (mit den Kantenlängen $x_0$ und $y_0$) mit den Randbedingungen:

$$\Phi(x, 0) = \Phi(x, y_0) = 0, \tag{4.36}$$

woraus

$$d = 0; \qquad \sin(ky_0) = 0 \rightarrow k = \frac{n\pi}{y_0} = k_n \tag{4.37}$$

folgt. Weiterhin seien die Randbedingungen

$$\Phi(0, y) = 0; \qquad \Phi(x_0, y) = V(y), \tag{4.38}$$

gegeben, wobei $V(y)$ irgendeine vorgegebene Funktion ist. Aus (4.38) folgt zunächst

$$a = -b \rightarrow f = a\{\exp(k_n x) - \exp(-k_n x)\}. \tag{4.39}$$

Um die 4. Bedingung auch noch zu erfüllen, entwickeln wir nach Fourier:

$$\Phi(x, y) = \sum_{n=1}^{\infty} A_n \, \sin(k_n y) \, \sinh(k_n x); \qquad A_n = 2a_n c_n, \tag{4.40}$$

und bestimmen die Koeffizienten $A_n$ aus der Forderung

$$\Phi(x_0, y) = V(y) = \sum_{n=1}^{\infty} A_n \, \sin(k_n y) \, \sinh(k_n x_0). \tag{4.41}$$

Nach dem Umkehrtheorem für Sinus-Fourier-Reihen erhält man:

$$A_n = \frac{2}{y_0 \, \sinh(k_n x_0)} \int_0^{y_0} V(y) \, \sin(k_n y) dy. \tag{4.42}$$

Hat man Randbedingungen von sphärischer Symmetrie, so wird man die Laplace-Gleichung lösen durch einen Separationsansatz in Kugelkoordinaten; entsprechend verfährt man bei axialer Symmetrie.

**Übersicht Elektrostatik**

1.) Basis: **Coulomb-Gesetz**

$$\mathbf{F}(\mathbf{r}) = q\mathbf{E}(\mathbf{r}) \qquad \text{mit} \qquad \mathbf{E}(\mathbf{r}) = \sum_i \frac{q_i (\mathbf{r} - \mathbf{r}_i)}{4\pi \epsilon_0 |\mathbf{r} - \mathbf{r}_i|^3}$$

2.) **Feldgleichungen:**

a) integral:

$$\oint_S \mathbf{E}(\mathbf{r}) \cdot d\mathbf{s} = 0; \qquad \oint_F \mathbf{E}(\mathbf{r}) \cdot d\mathbf{f} = \frac{Q}{\epsilon_0}$$

b) differentiell:

$$\nabla \times \mathbf{E}(\mathbf{r}) = 0; \qquad \nabla \cdot \mathbf{E}(\mathbf{r}) = \frac{\rho(\mathbf{r})}{\epsilon_0}$$

3.) **Elektrostatisches Potential:**

$$\mathbf{E}(\mathbf{r}) = -\nabla \Phi(\mathbf{r}) \rightarrow \Delta \Phi(\mathbf{r}) = -\frac{\rho(\mathbf{r})}{\epsilon_0}. \qquad \text{Poisson-Gleichung}$$

**4.)  Feldenergie:**

$$\frac{1}{2}\sum_{i\neq j}\frac{q_i q_j}{4\pi\epsilon_0 r_{ij}} \rightarrow \frac{1}{2}\int_V \rho(\mathbf{r})\Phi(\mathbf{r})\, dV \rightarrow \frac{\epsilon_0}{2}\int_V \mathbf{E}(\mathbf{r})^2\, dV$$

Potentielle Energie der Punktladungen $\rightarrow$ elektrostatische Feldenergie.

Zusammenfassend haben wir in diesem Kapitel die Eindeutigkeit der Lösung für das Potential $\Phi(\mathbf{r})$ im Fall von Randbedingungen diskutiert und drei praktische Methoden zur Berechnung von $\Phi(\mathbf{r})$ vorgestellt, die Spiegelmethode, die Inversionsmethode und die Methode der Variablentrennung.

# Teil II
# Magnetostatik

# Ampère'sches Gesetz

5

## Inhaltsverzeichnis



In diesem Kapitel werden wir die Grundgleichungen der Magnetostatik für den Fall stationärer elektrischer Ströme vorstellen und das magnetostatische Feld $\mathbf{B}(\mathbf{r})$ durch das Ampère'sche Gesetz. Weiterhin werden wir das magnetische Dipolmoment, das durch zirkulierende Ströme entsteht, einführen.

## 5.1   Elektrischer Strom und Ladungserhaltung

Elektrische Ströme werden durch bewegte Ladungsträger hervorgerufen. Ladungsträger können dabei z. B. sein: Ionen in einem Teilchenbeschleuniger, einem Elektrolyten oder einem Gas, Elektronen in einem Metall etc. Ursache für die Bewegung der Ladungen sind in erster Linie elektrische Felder, es kann sich aber auch um materiellen Transport von Ladungsträgern handeln. Als elektrische Stromstärke definieren wir diejenige Ladungsmenge, die pro Zeiteinheit durch den Leiterquerschnitt fließt.

Als einfachsten Fall betrachten wir zunächst Ladungsträger mit gleicher Ladung $q$ und Geschwindigkeit $\mathbf{v}$. Es sei $\mathbf{a}$ der Vektor senkrecht zum Querschnitt des leitenden Mediums, dessen Betrag $a$ die Querschnittsfläche angibt und $n$ die Dichte der Ladungsträger. In der Zeit $\Delta t$ passieren dann die in dem Volumen $\Delta V = (\mathbf{a} \cdot \mathbf{v})\Delta t$ befindlichen Ladungsträger den Leiterquerschnitt, d. h. $n(\mathbf{a} \cdot \mathbf{v})\Delta t$ Ladungsträger. Damit folgt für die Stromstärke


© Der/die Autor(en), exklusiv lizenziert an Springer Nature Switzerland AG 2025

W. Cassing, *Theoretische Physik kompakt II*,

https://doi.org/10.1007/978-3-031-96471-8_5

$$I(a) = \frac{nq(\mathbf{a} \cdot \mathbf{v})\Delta t}{\Delta t} = nq(\mathbf{a} \cdot \mathbf{v}). \tag{5.1}$$

Haben wir allgemein pro Volumeneinheit $n_i$ Ladungsträger $q_i$ mit der Geschwindigkeit $\mathbf{v}_i$, so wird:

$$I(a) = \mathbf{a} \cdot \left( \sum_i n_i q_i \mathbf{v}_i \right). \tag{5.2}$$

Die Gl. (5.1) und (5.2) legen es nahe, die **Stromdichte j** einzuführen als

$$\mathbf{j} := \sum_i n_i q_i \mathbf{v}_i, \tag{5.3}$$

welche sich für $q_i = q$ mit der mittleren Geschwindigkeit

$$< \mathbf{v} > = \frac{1}{n} \sum_i n_i \mathbf{v}_i \tag{5.4}$$

und der Ladungsdichte $\rho$ verknüpfen läßt:

$$\mathbf{j} = nq < \mathbf{v} > = \rho < \mathbf{v} > . \tag{5.5}$$

Gl. (5.5) macht deutlich, daß hohe Absolutgeschwindigkeiten der Ladungsträger noch keinen hohen Strom bedeuten, da nur der Mittelwert der Geschwindigkeiten der Ladungsträger wesentlich ist. Sind z. B. die Geschwindigkeiten der Ladungsträger gleichmäßig über alle Richtungen verteilt, so wird $< \mathbf{v} > = 0$ und damit auch $\mathbf{j} = 0$. Im allgemeinen Fall ist $\rho$ und $< \mathbf{v} >$ orts- und zeit-abhängig, also

$$\mathbf{j} = \mathbf{j}(\mathbf{r}, t). \tag{5.6}$$

Den Erhaltungssatz der Ladung können wir mit den Begriffen der Ladungs- und Stromdichte wie folgt formulieren: Wir betrachten ein beliebiges endliches Volumen $V$ mit der Oberfläche $F$. Die darin enthaltene Ladungsmenge sei $Q = Q(t)$. Wenn $V$ nicht von der Zeit abhängt, so ergibt sich für die Änderung der in $V$ enthaltenen Ladungsmenge pro Zeiteinheit:

$$\frac{dQ}{dt} = \int_V \frac{\partial \rho(\mathbf{r}, t)}{\partial t} \, dV. \tag{5.7}$$

Da Ladung nicht erzeugt oder vernichtet werden kann, muß die Abnahme (Zunahme) der in $V$ enthaltenen Ladung gleich der (im betrachteten Zeitraum) durch $F$ hinaus (hinein)-strömenden Ladungsmenge sein. Letztere ist gegeben durch das Oberflächenintegral der Stromdichte, welches nach der Gauß'schen Integralformel in ein Volumenintegral umgeformt werden kann:

$$\oint_F \mathbf{j}(\mathbf{r}, t) \cdot d\mathbf{f} = \int_V \nabla \cdot \mathbf{j}(\mathbf{r}, t)\, dV.$$ (5.8)

Damit lautet die Ladungsbilanz:

$$-\frac{dQ}{dt} = -\int_V \frac{\partial \rho(\mathbf{r}, t)}{\partial t}\, dV = \int_V \nabla \cdot \mathbf{j}(\mathbf{r}, t)\, dV$$ (5.9)

oder, da $V$ beliebig gewählt werden kann, erhalten wir die **Kontinuitätsgleichung**:

$$\nabla \cdot \mathbf{j}(\mathbf{r}, t) + \frac{\partial \rho(\mathbf{r}, t)}{\partial t} = 0.$$ (5.10)

Während (5.9) die Ladungserhaltung in **integraler** Form beschreibt, bedeutet (5.10) die Ladungserhaltung in **differentieller** Form.
**Spezialfälle:**

i) **Elektrostatik:** stationäre Ladungen

$$\mathbf{j} = 0 \rightarrow \frac{\partial \rho}{\partial t} = 0 \qquad \rightarrow \rho = \rho(\mathbf{r})$$ (5.11)

ii) **Magnetostatik:** stationäre Ströme

$$\mathbf{j} = \mathbf{j}(\mathbf{r}) \qquad \text{und } \nabla \cdot \mathbf{j} = 0 \qquad \rightarrow \frac{\partial \rho}{\partial t} = 0.$$ (5.12)

Für einen stationären Strom ist $\nabla \cdot \mathbf{j}$ zeitlich konstant und diese Konstante muß überall null sein, da Ladung nicht erzeugt oder vernichtet wird.

## 5.2 Ampère'sches Gesetz

Gegeben sei eine stationäre Stromverteilung $\mathbf{j} = \mathbf{j}(\mathbf{r})$. Um elektrostatische Effekte zu eliminieren, wollen wir noch annehmen, daß die Dichte der bewegten Ladungsträger, die den

Strom aufbauen, kompensiert wird durch ruhende Ladungsträger entgegengesetzten Vorzeichens (z. B. bewegte Leitungselektronen und ruhende Gitterionen im metallischen Leiter). Auf eine bewegte Probeladung $q$ wirkt dann in der Umgebung des stromdurchflossenen Leiters eine Kraft, für die man experimentell findet:

$$\mathbf{F}(\mathbf{r}) = q\,(\mathbf{v} \times \mathbf{B}(\mathbf{r})) \tag{5.13}$$

mit

$$\mathbf{B}(\mathbf{r}) = \Gamma_m \int_V \frac{\mathbf{j}(\mathbf{r}') \times (\mathbf{r} - \mathbf{r}')}{|\mathbf{r} - \mathbf{r}'|^3}\, dV' \tag{5.14}$$

als der **magnetischen Induktion.** Die Gl. (5.13) und (5.14) sind als Grundlagen der Magnetostatik ebenso experimentell gesichert wie

$$\mathbf{F}(\mathbf{r}) = q\,\mathbf{E}(\mathbf{r}) \tag{5.15}$$

mit

$$\mathbf{E}(\mathbf{r}) = \Gamma_e \int_V \frac{\rho(\mathbf{r}')\,(\mathbf{r} - \mathbf{r}')}{|\mathbf{r} - \mathbf{r}'|^3}\, dV' \tag{5.16}$$

in der Elektrostatik! So wie wir (5.15) als Meßvorschrift für das elektrostatische Feld $\mathbf{E}(\mathbf{r})$ auffassen können, so stellt (5.13) eine Meßvorschrift für die magnetische Induktion $\mathbf{B}(\mathbf{r})$ dar.

**Maßsysteme:**
Hat man $\Gamma_e$ festgelegt, d. h. hat man die Einheitsladung definiert, so sind in (5.13) und (5.14) alle auftretenden Größen bzgl. ihrer Einheiten fixiert. $\Gamma_m$ kann also nicht mehr frei gewählt werden, sondern ergibt sich im

i) **MKSA**-System zu

$$\Gamma_m = \frac{\mu_0}{4\pi} \qquad \Gamma_e = \frac{1}{4\pi\epsilon_0} \tag{5.17}$$

mit

$$\mu_0 = 4\pi \cdot 10^{-7}\,\frac{\text{m kg}}{\text{Coul.}^2} \tag{5.18}$$

als der **magnetischen Permeabilität**.

ii) **cgs**-System:

$$\Gamma_m = \frac{1}{c^2} \qquad \Gamma_e = 1 \tag{5.19}$$

mit der Lichtgeschwindigkeit $c$.

**Bemerkung**  Gl. (5.14) enthält – wie in (5.16) – das Superpositionsprinzip: die Felder zweier Stromverteilungen $\mathbf{j}_1(\mathbf{r})$ und $\mathbf{j}_2(\mathbf{r})$ überlagern sich linear, da $\mathbf{j}(\mathbf{r}) = \mathbf{j}_1(\mathbf{r}) + \mathbf{j}_2(\mathbf{r})$ die resultierende Stromverteilung ist. Weiterhin muß  unabhängig vom Maßsystem das Verhältnis $\Gamma_m/\Gamma_e$ eine Konstante sein. Mit (5.17) und (5.19) sowie $\Gamma_e = 1/(4\pi\epsilon_0)$ bzw. $\Gamma_e = 1$ im cgs-System (siehe Abschn. 1.2) erhalten wir die Beziehung

$$\frac{\Gamma_m}{\Gamma_e} = \epsilon_0\mu_0 = \frac{1}{c^2}. \tag{5.20}$$

Dieser fundamentale Zusammenhang verweist bereits auf einen Zusammenhang mit der speziellen Relativitätstheorie.

Im Folgenden soll das Vektorfeld $\mathbf{B}(\mathbf{r})$ für verschiedene einfache Stromverteilungen berechnet werden.

## 5.3  Formel von Biot-Savart

Für einen **dünnen** Leiter können wir sofort über den Leitungsquerschnitt $f$ integrieren und erhalten statt (5.14)

$$\mathbf{B}(\mathbf{r}) = \frac{\mu_0 I}{4\pi} \int_L \frac{d\mathbf{l}' \times (\mathbf{r} - \mathbf{r}')}{|\mathbf{r} - \mathbf{r}'|^3} \tag{5.21}$$

mit

**Abb. 5.1** Skizze eines (dünnen) Leiters mit endlicher Querschnittsfläche $f = \int df'$

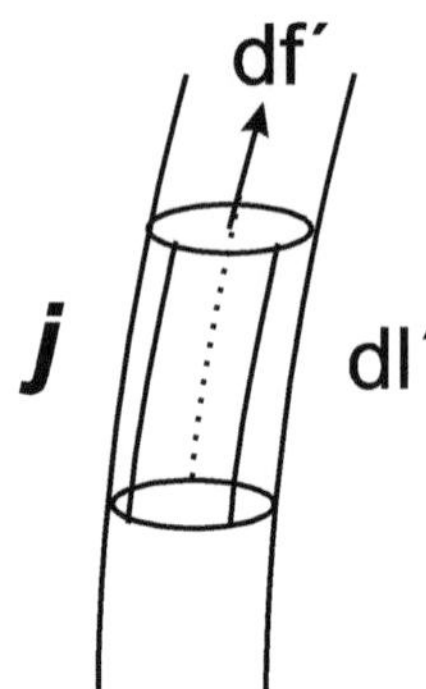


$$I = \int_f \mathbf{j} \cdot d\mathbf{f}' \tag{5.22}$$

als der Stromstärke (siehe Abb. 5.1).

Ist der Leiter weiterhin gerade, so folgt aus (5.21) oder auch (5.14), daß die Feldlinien von $\mathbf{B}(\mathbf{r})$ konzentrisch um den Leiter verlaufen. Wir brauchen also nur noch den Betrag $B(R)$ berechnen, da alle Beiträge zum Integral (5.21) für einen geraden Leiter die gleiche Richtung haben. Aus der Abb. 5.2 folgt (mit $d = |\mathbf{r} - \mathbf{r}'|$ und $|d\mathbf{l}' \times (\mathbf{r} - \mathbf{r}')| = d\sin(\theta)dz$):

$$B(R) = \frac{\mu_0 I}{4\pi} \int_L \frac{\sin\theta}{d^2}\, dz. \tag{5.23}$$

Die verbleibende Integration führen wir für einen unendlich langen Leiter aus: Mit

$$R = d\,\sin\theta; \quad z = d\cos(\theta) = R\,\cot g\theta \quad \rightarrow dz = \frac{-R}{\sin^2\theta}d\theta \tag{5.24}$$

folgt für die Feldstärke im Punkt $P$ mit Abstand $R$:

**Abb. 5.2** Wahl der Integrationsvariablen zur Berechnung der Formel (5.25)

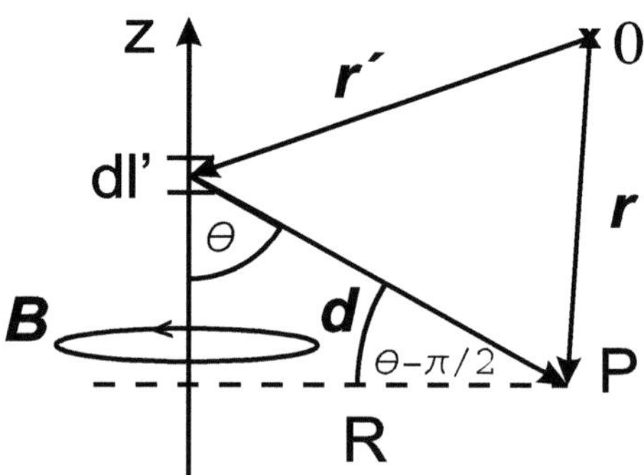

$$B(R) = \frac{\mu_0 I}{4\pi} \int_{-\infty}^{\infty} \frac{\sin^3\theta}{R^2}\, dz = \frac{\mu_0 I}{4\pi} \int_{\pi}^{0} \frac{\sin^3\theta}{R^2} \frac{dz}{d\theta} d\theta$$

$$= \frac{\mu_0 I}{4\pi} \int_{0}^{\pi} \frac{R\,\sin\theta}{R^2}\, d\theta = \frac{\mu_0 I}{4\pi R} \int_{-1}^{1} d(\cos\theta) = \frac{\mu_0 I}{2\pi R}. \qquad (5.25)$$

Dieses ist die Formel von **Biot** und **Savart** für einen dünnen, geraden, unendlich langen Leiter.

## 5.4 Kraft und Drehmoment auf einen Strom im Magnetfeld

Ausgehend von der Kraft, die eine Ladung $q_i$ erfährt, wenn sie sich mit der Geschwindigkeit $\mathbf{v}_i$ im Magnetfeld $\mathbf{B}$ bewegt,

$$\mathbf{F_i} = q_i(\mathbf{v}_i \times \mathbf{B}(\mathbf{r}_i)), \qquad (5.26)$$

erhält man für die Kraft auf einen Strom mit der Stromdichte $\mathbf{j}$:

$$\mathbf{F} = \sum_i q_i(\mathbf{v}_i \times \mathbf{B}(\mathbf{r}_i)) = \int_V \mathbf{j}(\mathbf{r}) \times \mathbf{B}(\mathbf{r})\, dV; \qquad (5.27)$$

dabei ist das Volumen $V$ so zu wählen, daß es den Strom vollständig erfaßt.

**Beispiel** Für einen dünnen Draht, über dessen Querschnitt sich das $\mathbf{B}$-Feld nicht (wesentlich) ändert, können wir (wie in Abschn. 5.3) 2 der 3 Integrationen in (5.27) ausführen:

$$\mathbf{F} = I \int_L d\mathbf{l} \times \mathbf{B}. \qquad (5.28)$$

Das verbleibende Kurvenintegral längs des Leiters $L$ läßt sich für einen geraden Leiter ausführen, wenn $\mathbf{B}$ sich längs $L$ nicht ändert:

$$\mathbf{F} = (\mathbf{I} \times \mathbf{B})L, \qquad (5.29)$$

wobei $L$ die Länge des Leiters angibt. Die Kraft ist also senkrecht zur Stromrichtung und zum $\mathbf{B}$-Feld; sie ist maximal, wenn $\mathbf{I}$ senkrecht zu $\mathbf{B}$ ist, und verschwindet, wenn $\mathbf{I}$ parallel zu $\mathbf{B}$ verläuft.

Auf die Ladung $q_i$ mit Geschwindigkeit $\mathbf{v}_i$ im Feld $\mathbf{B}$ wirkt das Drehmoment

$$\mathbf{N}_i = \mathbf{r}_i \times \mathbf{F}_i = \mathbf{r}_i \times (q_i \mathbf{v}_i \times \mathbf{B}(\mathbf{r}_i)); \tag{5.30}$$

entsprechend auf den Strom der Stromdichte $\mathbf{j}(\mathbf{r})$:

$$\mathbf{N} = \sum_i \mathbf{r}_i \times (q_i \mathbf{v}_i \times \mathbf{B}(\mathbf{r}_i)) = \int_V \mathbf{r} \times (\mathbf{j}(\mathbf{r}) \times \mathbf{B}(\mathbf{r}))\, dV. \tag{5.31}$$

Einfache Beispiele sind (rechteckige oder kreisförmige) Stromschleifen im homogenen **B**-Feld.

Für die praktische Auswertung von (5.31) ist es zweckmäßig, mit der Identität (,bac-cab Regel')

$$\mathbf{a} \times (\mathbf{b} \times \mathbf{c}) = (\mathbf{a} \cdot \mathbf{c})\mathbf{b} - (\mathbf{a} \cdot \mathbf{b})\mathbf{c} = \mathbf{b}(\mathbf{a} \cdot \mathbf{c}) - \mathbf{c}(\mathbf{a} \cdot \mathbf{b}) \tag{5.32}$$

umzuformen:

$$\mathbf{N} = \int_V \{(\mathbf{r} \cdot \mathbf{B})\mathbf{j} - (\mathbf{r} \cdot \mathbf{j})\mathbf{B}\}dV. \tag{5.33}$$

Für einen stationären, räumlich begrenzten Strom verschwindet der 2. Term in (5.33). Um dies zu zeigen, benutzen wir die Beziehung ($n, m = 1, 2, 3$)

$$\int_V x_n j_m\, dV = \int_V x_n \nabla \cdot (x_m \mathbf{j})\, dV = \int_V \nabla \cdot (x_n x_m \mathbf{j})\, dV - \int_V x_m j_n\, dV$$
$$= \oint_F x_n x_m \mathbf{j} \cdot d\mathbf{f} - \int_V x_m j_n\, dV = - \int_V x_m j_n\, dV$$

unter Ausnutzung von $\nabla \cdot \mathbf{j} = 0$, der Produktregel, der Gauß'schen Formel und dem Verschwinden von $\mathbf{j}$ auf der Oberfläche $F$. Für $n = m$ folgt aus (5.4)

$$\int_V (\mathbf{r} \cdot \mathbf{j})\, dV = 0, \tag{5.34}$$

so daß für ein homogenes (schwach veränderliches) Feld in (5.33) der 2. Term (näherungsweise) verschwindet. Entsprechend folgt aus (5.4) für $m \neq n$:

$$\int_V (\mathbf{r} \cdot \mathbf{B})\mathbf{j}\, dV = - \int_V (\mathbf{j} \cdot \mathbf{B})\mathbf{r}\, dV, \tag{5.35}$$

also (mit der ,bac-cab' Regel):

$$\int_V (\mathbf{B} \cdot \mathbf{r})\, \mathbf{j}\, dV = \frac{1}{2} \int_V \{(\mathbf{B} \cdot \mathbf{r})\, \mathbf{j} - (\mathbf{B} \cdot \mathbf{j})\, \mathbf{r}\}\, dV = -\frac{1}{2}\mathbf{B} \times \int_V (\mathbf{r} \times \mathbf{j})\, dV \tag{5.36}$$

**Abb. 5.3** Das magnetische
Dipolmoment **m** eines
Kreisstromes

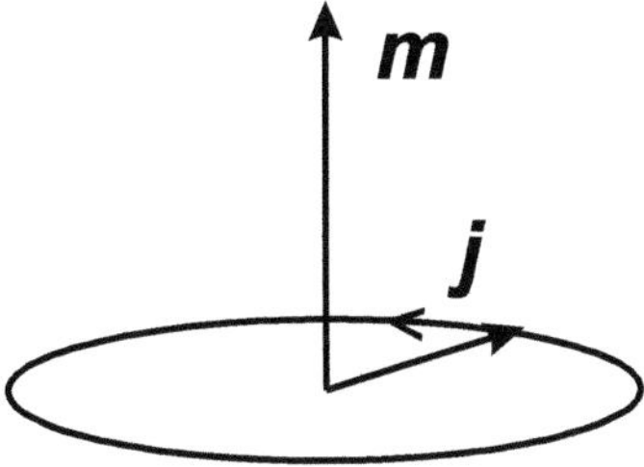

mit Formel (5.32). Ergebnis:

$$\mathbf{N} = \left( \frac{1}{2} \int_V (\mathbf{r} \times \mathbf{j(r)})\, dV \right) \times \mathbf{B} = \mathbf{m} \times \mathbf{B} \tag{5.37}$$

mit dem **magnetischen Dipolmoment**

$$\mathbf{m} = \frac{1}{2} \int_V (\mathbf{r} \times \mathbf{j(r)})\, dV. \tag{5.38}$$

Für einen ebenen Strom (z. B. Kreisstrom in der (x,y)-Ebene) steht **m** senkrecht zur Stromebene (in Richtung $\mathbf{e}_z$) (siehe Abb. 5.3).

Ist der stromführende Leiter dünn, so erhalten wir nach Integration über den Leiterquerschnitt:

$$\mathbf{m} = \frac{I}{2} \oint_L (\mathbf{r} \times d\mathbf{l}) = \frac{I}{2} \int_0^{2\pi} d\phi\, r^2\, \mathbf{e}_z = \pi r^2 I\, \mathbf{e}_z, \tag{5.39}$$

und für den Betrag $m$:

$$m = I F, \tag{5.40}$$

wobei $I$ die Stromstärke und $F$ die vom Strom eingeschlossene Fläche ist (vgl. hierzu den Flächensatz für die Bewegung eines Massenpunktes im Zentralfeld!). Für ein Teilchen der Masse $M$ und Ladung $q$ mit Drehimpuls **L** auf einer geschlossenen (periodischen) Bahn läßt sich $\mathbf{r} \times q\mathbf{v}$ durch $(\mathbf{r} \times M\mathbf{v})q/M = \mathbf{L}q/M$ ersetzen und wir erhalten

$$\mathbf{m} = \frac{q}{2M}\mathbf{L}.$$

**Anwendung** Strommessung

## 5.5    Kräfte zwischen Strömen

Mit (5.21) und (5.28) läßt sich die Kraft eines Stromes $I'$ auf einen Strom $I$ bei dünnen Leitern schreiben als (Abb. 5.4):

$$\mathbf{F} = I\int_L d\mathbf{l} \times \mathbf{B} = \frac{\mu_0 I I'}{4\pi}\int_L\int_{L'}\frac{d\mathbf{l} \times (d\mathbf{l}' \times (\mathbf{r} - \mathbf{r}'))}{|\mathbf{r} - \mathbf{r}'|^3}. \tag{5.41}$$

Gl. (5.41) kann mit Hilfe von (5.32) (‚bac-cab' Regel) symmetrisiert werden:

$$\mathbf{F} = \frac{\mu_0 I I'}{4\pi}\int_L\int_{L'}\frac{(d\mathbf{l} \cdot d\mathbf{l}')(\mathbf{r} - \mathbf{r}')}{|\mathbf{r} - \mathbf{r}'|^3}, \tag{5.42}$$

denn

$$\int_L\frac{d\mathbf{l} \cdot (\mathbf{r} - \mathbf{r}')}{|\mathbf{r} - \mathbf{r}'|^3} = -\int_L\nabla\left(\frac{1}{|\mathbf{r} - \mathbf{r}'|}\right) \cdot d\mathbf{l} = 0 \tag{5.43}$$

für geschlossene oder unendlich lange Leiterkreise.

Gl. (5.42) ändert bei Vertauschung der beiden Ströme, d. h. von $I$ und $I'$ sowie von $\mathbf{r}$ und $\mathbf{r}'$, das Vorzeichen. Darin spiegelt sich das Actio-Reactio-Prinzip wider, welches für elektrostatische wie für magnetostatische Wechselwirkungen gilt. Es wird allerdings durchbrochen bei beliebigen, zeitabhängigen Strom- und Ladungsverteilungen (siehe Kap. 7).

Zusammenfassend haben wir in diesem Kapitel die magnetische Induktion $\mathbf{B}(\mathbf{r})$ für stationäre Ströme eingeführt und das Drehmoment berechnet, welches $\mathbf{B}(\mathbf{r})$ auf einen stationären Strom $\mathbf{j}(\mathbf{r})$ ausübt, sowie das magnetische Dipolmoment $\mathbf{m}$, das durch einen zirkulierenden Strom entsteht.

**Abb. 5.4** Beispiel für die Wechselwirkung zwischen zwei gerichteten Strömen

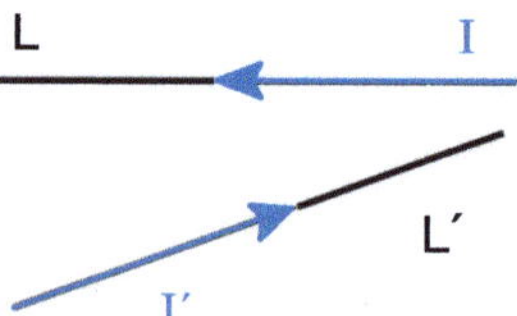

# Grundgleichungen der Magnetostatik

**6**

## Inhaltsverzeichnis



In diesem Kapitel werden wir uns auf die mathematischen Aspekte der Magnetostatik konzentrieren, das Vektorpotential $\mathbf{A}(\mathbf{r})$ einführen und die Multipolentwicklung des Vektorpotentials analysieren.

## 6.1   Divergenz der magnetischen Induktion

Gl. (5.14) kann wie folgt umgeschrieben werden:

$$\mathbf{B}(\mathbf{r}) = \frac{\mu_0}{4\pi} \int_V \frac{\mathbf{j}(\mathbf{r}') \times (\mathbf{r} - \mathbf{r}')}{|\mathbf{r} - \mathbf{r}'|^3} \, dV' = \frac{\mu_0}{4\pi} \nabla \times \left( \int_V \frac{\mathbf{j}(\mathbf{r}')}{|\mathbf{r} - \mathbf{r}'|} \, dV' \right). \tag{6.1}$$

Zum Beweis führt man die der Operation $\nabla \times$ entsprechenden Differentiationen unter dem Integral aus. Gemäß (6.1) kann also **B** in der Form

$$\mathbf{B}(\mathbf{r}) = \nabla \times \mathbf{A}(\mathbf{r}) \tag{6.2}$$



W. Cassing, *Theoretische Physik kompakt II*,
https://doi.org/10.1007/978-3-031-96471-8_6

dargestellt werden mit dem Vektorfeld

$$\mathbf{A}(\mathbf{r}) = \frac{\mu_0}{4\pi} \int_V \frac{\mathbf{j}(\mathbf{r}')}{|\mathbf{r} - \mathbf{r}'|} \, dV'. \tag{6.3}$$

Dann wird

$$\nabla \cdot \mathbf{B}(\mathbf{r}) = \nabla \cdot (\nabla \times \mathbf{A}(\mathbf{r})) = 0. \tag{6.4}$$

Gl. (6.4) entspricht formal

$$\nabla \cdot \mathbf{E}(\mathbf{r}) = \frac{\rho(\mathbf{r})}{\epsilon_0} \tag{6.5}$$

und zeigt, daß es keine **magnetischen Ladungen** gibt. Bilden wir die zu (6.4) korrespondierende integrale Aussage

$$\int_V \nabla \cdot \mathbf{B}(\mathbf{r}) \, dV = \oint_F \mathbf{B}(\mathbf{r}) \cdot d\mathbf{f} = 0, \tag{6.6}$$

so sehen wir, daß der Fluß der magnetischen Induktion durch eine geschlossene Fläche $F$ verschwindet. Der Vergleich mit:

$$\oint_F \mathbf{E}(\mathbf{r}) \cdot d\mathbf{f} = \frac{Q}{\epsilon_0}, \tag{6.7}$$

erklärt die obige Aussage.

## 6.2    Rotation von B

In der Elektrostatik hatten wir gefunden

$$\nabla \times \mathbf{E}(\mathbf{r}) = 0 \tag{6.8}$$

oder gleichwertig

$$\oint_S \mathbf{E}(\mathbf{r}) \cdot d\mathbf{s} = 0 \tag{6.9}$$

nach der Formel von Stokes. Entsprechend wollen wir im Folgenden das Linienintegral

**Abb. 6.1** Integration in der Ebene $(x, y)$ senkrecht zum Leiter

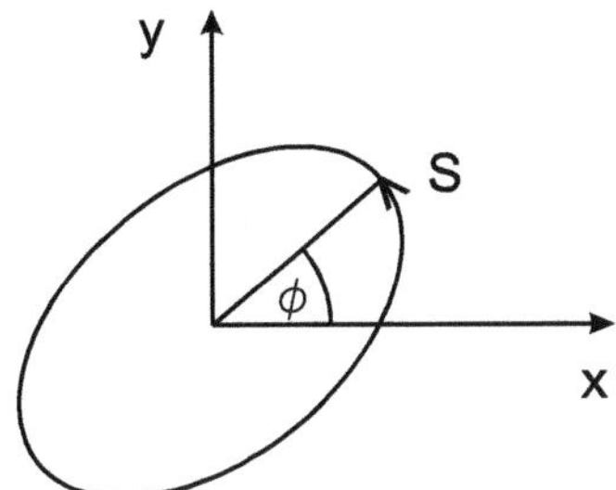


$$\oint_S \mathbf{B(r)} \cdot d\mathbf{s} \tag{6.10}$$

über einen geschlossenen Weg $S = \partial F$ untersuchen, der eine Fläche $F$ umspannt, und dann über die Formel von Stokes $\nabla \times \mathbf{B(r)}$ berechnen (Abb. 6.1).

Wir betrachten zunächst einen unendlich langen, dünnen, geraden Leiter. Dafür hatten wir gefunden

$$\mathbf{B}(r) = \frac{I\mu_0}{2\pi r}\mathbf{e}_\phi, \tag{6.11}$$

wobei $r$ der Abstand vom Leiter ist, $I$ die Stromstärke und $\mathbf{e}_\phi$ die Richtung angibt: die Feldlinien laufen konzentrisch um den Leiter. Als Weg $S$ betrachten wir zunächst eine geschlossene (stückweise) glatte Kurve in der Ebene senkrecht zum Leiter, welche den Leiter umfaßt (siehe Abb. 6.2).

Dann wird (mit $d\mathbf{s} = \mathbf{e}_\phi r d\phi$) :

$$\oint_S \mathbf{B}(r) \cdot d\mathbf{s} = \frac{I\mu_0}{2\pi}\oint_S \frac{\mathbf{e}_\phi \cdot d\mathbf{s}}{r} = \frac{I\mu_0}{2\pi}\oint d\phi = I\mu_0. \tag{6.12}$$

Wenn $S$ den Strom nicht umfaßt, so gilt:

$$\oint_S \mathbf{B}(r) \cdot d\mathbf{s} = 0. \tag{6.13}$$

Das ist für den Weg in Abb. 6.2 sofort klar:

Die Wegstücke $AD$, $BC$ tragen zum Integral nicht bei, da sie senkrecht zu **B** verlaufen. An Hand von (6.12) zeigt man, daß die Beiträge von $AB$, $DC$ sich gerade kompensieren aufgrund des entgegengesetzten Umlaufsinns und der $1/r$ Abhängigkeit von $B(r)$.

Die obigen Ergebnisse lassen sich verallgemeinern, indem man Ströme vom oben diskutierten Typ superponiert und geschlossene Raumkurven $S$ aus ebenen Wegstücken zusammensetzt. Ohne auf Beweis-Details einzugehen – was Aufgabe der Mathematik ist – halten wir als generelles Ergebnis fest:

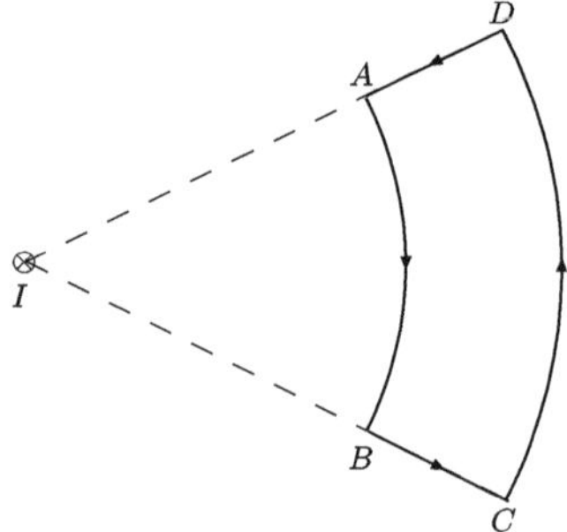

**Abb. 6.2** Beispiel für einen Weg mit verschwindendem Wegintegral von $\mathbf{B}(r)$ – erzeugt vom Strom $I$

$$\oint_S \mathbf{B}(\mathbf{r}) \cdot d\mathbf{s} = \mu_0 I, \qquad (6.14)$$

wobei $I$ die Stromstärke des von $S$ umschlossenen Stromes ist.

Bemerkung: Umläuft $S$ den Strom n-fach, so ist $I$ durch $nI$ zu ersetzen.

Die zu Gl. (6.9) analoge integrale Aussage (6.14) können wir mit Hilfe des **Satzes von Stokes** in eine differentielle Beziehung umwandeln. Der Satz von Stokes gestattet, das obige Linienintegral in ein Oberflächenintegral umzuformen:

$$\oint_S \mathbf{B}(\mathbf{r}) \cdot d\mathbf{s} = \int_F (\nabla \times \mathbf{B}(\mathbf{r})) \cdot d\mathbf{f}, \qquad (6.15)$$

wobei $F$ eine beliebige glatte, in den geschlossenen Weg $S$ eingespannte, orientierbare Fläche ist. $F$ und $S = \partial F$ liegen im Definitionsbereich des stetig differenzierbaren Vektorfeldes $\mathbf{B}$. Mit (6.15) ergibt sich aus (6.14):

$$\oint_S \mathbf{B}(\mathbf{r}) \cdot d\mathbf{s} = \int_F (\nabla \times \mathbf{B}(\mathbf{r})) \cdot d\mathbf{f} = \mu_0 I = \mu_0 \int_F \mathbf{j}(\mathbf{r}) \cdot d\mathbf{f}, \qquad (6.16)$$

oder, da $F$ beliebig gewählt werden kann (mit $S = \partial F$) :

$$\nabla \times \mathbf{B}(\mathbf{r}) = \mu_0 \mathbf{j}(\mathbf{r}). \qquad (6.17)$$

Im Gegensatz zum elektrostatischen Feld $\mathbf{E}$ mit $\nabla \times \mathbf{E}(\mathbf{r}) = 0$ ist also das $\mathbf{B}$-Feld **nicht wirbelfrei!**

---

## 6.3 Vektor-Potential

Statt $\mathbf{B}(\mathbf{r})$ bei gegebener Stromverteilung $\mathbf{j}(\mathbf{r})$ aus (6.4) und (6.17) zu berechnen, wollen wir entsprechend dem elektrostatischen Potential $\Phi(\mathbf{r})$ eine Hilfsgröße einführen, das sogenannte **Vektor-Potential,** aus dem die magnetische Induktion durch Differenzieren gewonnen werden kann. Wir hatten sie in Abschn. 6.1 schon kurz eingeführt:

$$\mathbf{B}(\mathbf{r}) = \nabla \times \mathbf{A}(\mathbf{r}), \tag{6.18}$$

und wollen nun versuchen, für das Vektor-Potential $\mathbf{A}(\mathbf{r})$ eine Differentialgleichung zu finden, aus der sich $\mathbf{A}(\mathbf{r})$ bei gegebener Stromverteilung $\mathbf{j}(\mathbf{r})$ berechnen läßt. Wir bilden:

$$\nabla \times (\nabla \times \mathbf{A}(\mathbf{r})) = \mu_0 \mathbf{j}(\mathbf{r}) = \nabla(\nabla \cdot \mathbf{A}(\mathbf{r})) - \Delta \mathbf{A}(\mathbf{r}). \tag{6.19}$$

Der 1. Term auf der rechten Seite in (6.19) läßt sich beseitigen und damit die gesuchte Differentialgleichung vereinfachen, indem man ausnutzt, daß $\mathbf{A}(\mathbf{r})$ über (6.18) nicht eindeutig definiert ist. Das Feld $\mathbf{B}(\mathbf{r})$ ändert sich nämlich nicht, wenn man die **Eichtransformation**

$$\mathbf{A}(\mathbf{r}) \rightarrow \mathbf{A}'(\mathbf{r}) = \mathbf{A}(\mathbf{r}) + \nabla \chi(\mathbf{r}) \tag{6.20}$$

durchführt, wobei $\chi(\mathbf{r})$ eine beliebige (mindestens 2-mal partiell differenzierbare) skalare Funktion ist, denn:

$$\nabla \times \mathbf{A}'(\mathbf{r}) = \nabla \times \mathbf{A}(\mathbf{r}) + \nabla \times (\nabla \chi(\mathbf{r})) = \nabla \times \mathbf{A}(\mathbf{r}) + 0. \tag{6.21}$$

Ist nun

$$\nabla \cdot \mathbf{A}(\mathbf{r}) \neq 0, \tag{6.22}$$

so wählen wir $\chi(\mathbf{r})$ so, daß

$$\nabla \cdot \mathbf{A}'(\mathbf{r}) = \nabla \cdot \mathbf{A}(\mathbf{r}) + \nabla \cdot (\nabla \chi(\mathbf{r})) = 0. \tag{6.23}$$

Das gesuchte $\chi(\mathbf{r})$ finden wir also durch Lösen einer Differentialgleichung vom Typ (3.28):

$$\nabla \cdot (\nabla \chi(\mathbf{r})) = \Delta \chi(\mathbf{r}) = -\nabla \cdot \mathbf{A}(\mathbf{r}), \tag{6.24}$$

wobei $-\nabla \cdot \mathbf{A}(\mathbf{r})$ als eine gegebene Inhomogenität anzusehen ist. Es läßt sich also stets erreichen (ohne die Physik, d. h. das $\mathbf{B}$-Feld in irgendeiner Weise einzuschränken!) daß:

$$\Delta \mathbf{A}(\mathbf{r}) = -\mu_0 \mathbf{j}(\mathbf{r}) \tag{6.25}$$

gilt. Die vektorielle Gl. (6.25) zerfällt in ihre 3 Komponenten, welche mathematisch gesehen wieder vom bekannten Typ der Poisson-Gleichung (3.28) sind.

## 6.4   Multipolentwicklung

Analog dem Fall der Elektrostatik interessiert man sich oft für das $\mathbf{B}$-Feld in großer Entfernung von der (räumlich lokalisiert angenommenen) Stromverteilung $\mathbf{j}$. Dann empfiehlt es sich, das Vektor-Potential $\mathbf{A}(\mathbf{r})$ (analog $\Phi(\mathbf{r})$) in eine Taylorreihe zu entwickeln:

$$\mathbf{A}(\mathbf{r}) = \mathbf{A}_0(\mathbf{r}) + \mathbf{A}_1(\mathbf{r}) + \ldots \tag{6.26}$$

$$= \frac{\mu_0}{4\pi} \int_V dV' \, \mathbf{j}(\mathbf{r}') \left( \frac{1}{r} - (x'\frac{\partial}{\partial x} + y'\frac{\partial}{\partial y} + z'\frac{\partial}{\partial z})\frac{1}{r} + \cdots \right)$$

mit dem

**Monopolanteil:**

$$\mathbf{A}_0(\mathbf{r}) = \frac{\mu_0}{4\pi r} \int_V \mathbf{j}(\mathbf{r}') \, dV' \tag{6.27}$$

als 1. Term der Entwicklung von Gl. (6.3). Nun ist für jede Komponente $i = 1, 2, 3$

$$\int_V j_i(\mathbf{r}') \, dV' = \int_V \nabla' \cdot (x_i' \, \mathbf{j}(\mathbf{r}')) \, dV' = \oint_F x_i' \, \mathbf{j}(\mathbf{r}') \cdot d\mathbf{f}' = 0 \tag{6.28}$$

wegen

$$\nabla' \cdot (x_i' \mathbf{j}(\mathbf{r}')) = j_i(\mathbf{r}') + x_I' \, \nabla \cdot \mathbf{j}(\mathbf{r}'),$$

$\nabla \cdot \mathbf{j} = 0$, der Formel von Gauß und der Tatsache, daß $\mathbf{j} \neq 0$ nur innerhalb von $V$ und auf der Oberfläche von $V$ verschwindet. Also folgt:

$$\mathbf{A}_0 = 0, \tag{6.29}$$

da es in der Elektrodynamik keine magnetischen Monopole gibt, wenn man mit (2.29) vergleicht.

**Dipolanteil:**

$$\mathbf{A}_1(\mathbf{r}) = \frac{\mu_0}{4\pi} \int_V dV' \, \mathbf{j}(\mathbf{r}') \, (-\mathbf{r}' \cdot \nabla_r)\frac{1}{r} = \frac{\mu_0}{4\pi r^3} \int_V (\mathbf{r} \cdot \mathbf{r}') \, \mathbf{j}(\mathbf{r}') \, dV'. \tag{6.30}$$

Das Integral (6.30) formen wir um gemäß (5.36):

$$\int_V (\mathbf{r} \cdot \mathbf{r}')\mathbf{j}(\mathbf{r}') \, dV' = \frac{1}{2} \int_V \{(\mathbf{r} \cdot \mathbf{r}')\mathbf{j}(\mathbf{r}') - (\mathbf{r} \cdot \mathbf{j}(\mathbf{r}')) \, \mathbf{r}'\} \, dV' = \frac{1}{2} \int_V \{\mathbf{r} \times (\mathbf{j}(\mathbf{r}') \times \mathbf{r}')\} \, dV'$$

$$\tag{6.31}$$

$$= -\frac{1}{2}\mathbf{r} \times \int_V (\mathbf{r}' \times \mathbf{j}(\mathbf{r}')) \, dV' = \left(\frac{1}{2} \int_V (\mathbf{r}' \times \mathbf{j}(\mathbf{r}')) \, dV'\right) \times \mathbf{r} = \mathbf{m} \times \mathbf{r}.$$

Ergebnis:

$$\mathbf{A}_1(\mathbf{r}) = \mathbf{m} \times \left(\frac{\mu_0}{4\pi} \frac{\mathbf{r}}{r^3}\right) \tag{6.32}$$

mit dem magnetischen Dipolmoment $\mathbf{m}$ von (5.38). Man vergleiche das Ergebnis mit Gl. (2.30)!

**Analyse von m:**
Für $N$ Punktladungen $q_i$ lautet $\mathbf{m}$:

$$\mathbf{m} = \frac{1}{2} \sum_{i=1}^{N} q_i (\mathbf{r}_i \times \mathbf{v}_i). \tag{6.33}$$

Weiterhin kann $\mathbf{m}$ in einen einfachen Zusammenhang mit dem Drehimpuls $\mathbf{L}$ der $N$ geladenen Massenpunkte gebracht werden, wenn $M_i = M$ und $q_i = q$:

$$\mathbf{m} = \frac{q}{2M}\mathbf{L} = \frac{q}{2M} \sum_{i=1}^{N} M(\mathbf{r}_i \times \mathbf{v}_i). \tag{6.34}$$

Mit dem Bahndrehimpuls eines Systems geladener (identischer) Teilchen ist also ein magnetisches Moment in Richtung von $\mathbf{L}$ verknüpft. Diese Aussage gilt auch im atomaren Bereich, z. B. für die Elektronen eines Atoms. Umgekehrt läßt sich jedoch nicht jedes magnetische

Moment auf einen Bahndrehimpuls gemäß (6.34) zurückführen. Elementarteilchen (wie z. B. Elektronen) besitzen ein **inneres** magnetisches Dipolmoment, welches nicht mit dem Bahndrehimpuls sondern mit dem **Spin** dieser Teilchen verknüpft ist durch:

$$\mathbf{m}_s = g\,\frac{q}{2M}\,\mathbf{s}, \tag{6.35}$$

wobei $\mathbf{s}$ der Spin-Vektor ist und $g$ das **gyromagnetische Verhältnis**. Es ist $g \approx 2.0024$ für Elektronen, was im Rahmen der Quantenelektrodynamik (QED) berechnet werden kann.

## 6.5     Energie eines Dipols im äußeren Magnetfeld

Für die Kraft $\mathbf{F}$ auf einen magnetischen Dipol $\mathbf{m}$ in einem räumlich schwach veränderlichen Feld $\mathbf{B}$ findet man:

$$\mathbf{F} = \nabla(\mathbf{m} \cdot \mathbf{B}). \tag{6.36}$$

Zum Beweis greife man zurück auf (5.27) und verfahre entsprechend der Berechnung von $\mathbf{N}$ in Gl. (5.37). Aus (6.36) ergibt sich für die potentielle Energie des Dipols im $\mathbf{B}$-Feld $(\mathbf{F} = -\nabla U)$:

$$U = -(\mathbf{m} \cdot \mathbf{B}), \tag{6.37}$$

analog zu $-(\mathbf{d} \cdot \mathbf{E})$ als Energie eines elektrischen Dipols im elektrostatischen Feld (3.41). Der Dipol wird sich also bevorzugt in Feldrichtung einstellen, da dies der niedrigst möglichen Energie entspricht.

## Übersicht über die Magnetostatik

1.) Basis: **Ampère'sches Gesetz**

$$\mathbf{F}(\mathbf{r}) = q(\mathbf{v} \times \mathbf{B}(\mathbf{r})) \qquad \text{mit} \qquad \mathbf{B}(\mathbf{r}) = \frac{\mu_0}{4\pi} \int_V \frac{\mathbf{j}(\mathbf{r}') \times (\mathbf{r} - \mathbf{r}')}{|\mathbf{r} - \mathbf{r}'|^3}\, dV'$$

für stationäre Ströme, wo $\nabla \cdot \mathbf{j}(\mathbf{r}) = -\partial\rho/\partial t = 0$.

**2.) Feldgleichungen:** Aus

$$\mathbf{B}(\mathbf{r}) = \nabla \times \mathbf{A}(\mathbf{r}) \qquad \text{mit} \qquad \mathbf{A}(\mathbf{r}) = \frac{\mu_0}{4\pi} \int_V \frac{\mathbf{j}(\mathbf{r}')}{|\mathbf{r} - \mathbf{r}'|}\, dV'$$

folgt

a) **differentiell:**

$$\nabla \cdot \mathbf{B}(\mathbf{r}) = 0; \qquad \nabla \times \mathbf{B}(\mathbf{r}) = \mu_0 \mathbf{j}(\mathbf{r})$$

oder

b) **integral**

$$\oint_F \mathbf{B}(\mathbf{r}) \cdot d\mathbf{f} = 0; \qquad \oint_S \mathbf{B}(\mathbf{r}) \cdot d\mathbf{s} = \mu_0 I$$

**3.) Vektor-Potential:**

$$\nabla \times (\nabla \times \mathbf{A}(\mathbf{r})) = \mu_0 \mathbf{j}(\mathbf{r}) \qquad \rightarrow \qquad \Delta \mathbf{A}(\mathbf{r}) = -\mu_0 \mathbf{j}(\mathbf{r})$$

für $\nabla \cdot \mathbf{A}(\mathbf{r}) = 0$ (d. h. in **Coulomb-Eichung**).

Zusammenfassend haben wir in diesem Kapitel das Vektorpotential $\mathbf{A}(\mathbf{r})$ eingeführt und die Multipolentwicklung des Vektorpotentials analysiert. Darüber hinaus haben wir die Energie eines Dipols im externen Magnetfeld berechnet.

# Teil III

# Grundlagen der Elektrodynamik

# Die Maxwell'schen Gleichungen $\quad$ 7

## Inhaltsverzeichnis



In diesem Kapitel werden wir die bisherigen Fälle von statischen Ladungen oder stationären Strömen erweitern und die Feldgleichungen für $\mathbf{E}(\mathbf{r}, t)$ und $\mathbf{B}(\mathbf{r}, t)$ für beliebige raum-zeitabhängige Quellen $\rho(\mathbf{r}, t)$ und $\mathbf{j}(\mathbf{r}, t)$ auf der Grundlage von Faradays Induktionsgesetz ableiten.

## 7.1    Konzept des elektromagnetischen Feldes

Im Folgenden sollen die Grundgleichungen für das elektrische Feld $\mathbf{E}(\mathbf{r}, t)$ und für das magnetische Feld $\mathbf{B}(\mathbf{r}, t)$ für den Fall beliebiger Ladungs- und Stromverteilungen

$$\rho = \rho(\mathbf{r}, t); \qquad \mathbf{j} = \mathbf{j}(\mathbf{r}, t) \tag{7.1}$$

aufgestellt werden. Als Definition der Felder benutzen wir in Erweiterung der Gl. (2.8) und (5.13) die Beziehung (**Lorentz-Kraft**)

$$\mathbf{F}(\mathbf{r}, t) = q\left(\mathbf{E}(\mathbf{r}, t) + (\mathbf{v} \times \mathbf{B}(\mathbf{r}, t))\right). \tag{7.2}$$

Da $\rho(\mathbf{r}, t)$ und $\mathbf{j}(\mathbf{r}, t)$ durch die Kontinuitätsgleichung


© Der/die Autor(en), exklusiv lizenziert an Springer Nature Switzerland AG 2025
W. Cassing, *Theoretische Physik kompakt II*,
https://doi.org/10.1007/978-3-031-96471-8_7


"

$$\frac{\partial \rho(\mathbf{r}, t)}{\partial t} + \nabla \cdot \mathbf{j}(\mathbf{r}, t) = 0 \qquad (7.3)$$

verknüpft sind, ist klar, daß elektrisches und magnetisches Feld nicht mehr separat behandelt werden können: Die **Maxwell'schen Gleichungen** sind ein System gekoppelter Differentialgleichungen für die Felder $\mathbf{E}(\mathbf{r}, t)$ und $\mathbf{B}(\mathbf{r}, t)$.

## 7.2 Faraday'sches Induktionsgesetz

Wir gehen von folgender experimenteller Erfahrung aus: Wenn sich der magnetische Fluß (Abschn. 6.1) durch einen geschlossenen Leiterkreis ändert, wird längs des Leiterkreises ein (die Ladungsträger beschleunigendes) elektrisches Feld **induziert,** welches im Leiter einen **Induktionsstrom** hervorruft. Quantitativ gilt:

$$-k\frac{d}{dt}(\int_F \mathbf{B}(\mathbf{r}, t) \cdot d\mathbf{f}) = \oint_S \mathbf{E}'(\mathbf{r}, t) \cdot d\mathbf{s}, \qquad (7.4)$$

wobei:

i) $F$ eine beliebige in den Leiterkreis $S$ eingespannte Fläche ist;

ii) $\mathbf{E}'(\mathbf{r}, t)$ die induzierte elektrische Feldstärke bezogen auf ein mit dem Leiter $S$ mitbewegtes Koordinatensystem $\Sigma'$ ist;

iii) $k$ eine vom Maßsystem abhängige Konstante ist, und zwar:

$$k = 1 \quad \text{im} \quad \text{MKSA-System}; \quad k = \frac{1}{c} \quad \text{im} \quad \text{cgs-System} \qquad (7.5)$$

Gl. (7.2) bezieht sich auf das MKSA-System und ist im cgs-System zu ersetzen durch

$$\mathbf{F}(\mathbf{r}, t) = q(\mathbf{E}(\mathbf{r}, t) + \frac{1}{c}(\mathbf{v} \times \mathbf{B}(\mathbf{r}, t))) = q(\mathbf{E}(\mathbf{r}, t) + (\vec{\beta} \times \mathbf{B}(\mathbf{r}, t))) \qquad (7.6)$$

mit $\vec{\beta} = \mathbf{v}/c$. Alle folgenden Formeln beziehen sich auf das MKSA-System.

iv) Das Vorzeichen in (7.4) spiegelt die **Lenz'sche Regel** wider.

Aus i) folgt, daß auch für zeitabhängige Felder wie in der Magnetostatik

$$\nabla \cdot \mathbf{B}(\mathbf{r}, t) = 0 \tag{7.7}$$

gilt. Sind nämlich $F_1$ und $F_2$ irgendwelche in $S$ eingespannte Flächen, so folgt aus i):

$$\int_{F_1} \mathbf{B}(\mathbf{r}, t) \cdot d\mathbf{f}_1 = \int_{F_2} \mathbf{B}(\mathbf{r}, t) \cdot d\mathbf{f}_2. \tag{7.8}$$

Unter Beachtung der Orientierung der Flächen ergibt der Satz von Gauß für das durch $F_1$ und $F_2$ definierte Volumen:

$$0 = \oint_{F_1} \mathbf{B}(\mathbf{r}, t) \cdot d\mathbf{f}_1 - \oint_{F_2} \mathbf{B}(\mathbf{r}, t) \cdot d\mathbf{f}_2 = \int_V \nabla \cdot \mathbf{B}(\mathbf{r}, t)\, dV, \tag{7.9}$$

q. e. d. Die universelle Gültigkeit von $\nabla \cdot \mathbf{B}(\mathbf{r}, t) = 0$ war schon aufgrund der in Abschn. 5.1 gegebenen Interpretation zu erwarten.

**Diskussion des Induktionsgesetzes**

**Fall 1:** Zeitlich veränderliches $\mathbf{B}(\mathbf{r}, t)$-Feld bei ruhendem Leiterkreis $S$.

Dann ist $\mathbf{E}'(\mathbf{r}, t) = \mathbf{E}(\mathbf{r}, t)$ die induzierte Feldstärke im Laborsystem $\Sigma$ und es folgt nach der Formel von Stokes:

$$\oint_S \mathbf{E}(\mathbf{r}, t) \cdot d\mathbf{s} = \int_F (\nabla \times \mathbf{E}(\mathbf{r}, t)) \cdot d\mathbf{f} = -\int_F \frac{\partial \mathbf{B}(\mathbf{r}, t)}{\partial t} \cdot d\mathbf{f}, \tag{7.10}$$

oder, da $F$ beliebig ($S = \partial F$),

$$\nabla \times \mathbf{E}(\mathbf{r}, t) = -\frac{\partial \mathbf{B}(\mathbf{r}, t)}{\partial t}. \tag{7.11}$$

Gl. (7.11) zeigt die erwartete Verknüpfung der Felder $\mathbf{E}(\mathbf{r}, t)$ und $\mathbf{B}(\mathbf{r}, t)$.

**Bemerkung** Gl. (7.11) gilt unabhängig davon, ob der Leiterkreis tatsächlich vorhanden ist; er dient nur zum Nachweis des induzierten Feldes!

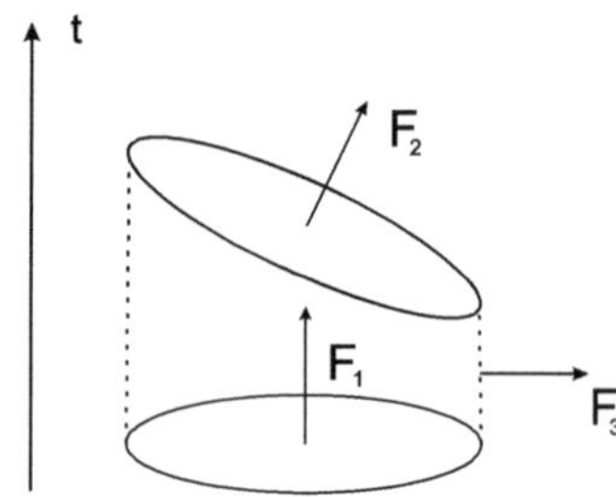

**Abb. 7.1** Illustration eines bewegten Leiterkreises mit den Randflächen $F_1$ und $F_2$, die ein eingeschlossenes Volumen $V$ definieren

**Anwendung**  Betatron

In dem von einem zeitlich veränderlichen $\mathbf{B}(\mathbf{r}, t)$-Feld induzierten elektrischen Feld $\mathbf{E}(\mathbf{r}, t)$ werden geladene Teilchen beschleunigt.

**Fall 2:**  Bewegter Leiterkreis $S$ bei zeitlich konstantem $\mathbf{B}$-Feld.

**Erläuterung:**  $F_1$ und $F_2$ seien beliebige in $S_1$ bzw. in $S_2$ eingespannte Flächen, $F_3$ die Mantelfläche, welche $S_1$ und $S_2$ verbindet. Die Pfeile in Abb. 7.1 deuten die Orientierungen der Flächen an.

Dann gilt nach der Formel von Gauß:

$$-\int_{F_1} \mathbf{B}(\mathbf{r}, t) \cdot d\mathbf{f}_1 + \int_{F_2} \mathbf{B}(\mathbf{r}, t) \cdot d\mathbf{f}_2 + \int_{F_3} \mathbf{B}(\mathbf{r}, t) \cdot d\mathbf{f}_3 = \int_V (\nabla \cdot \mathbf{B}(\mathbf{r}, t))\, dV = 0, \quad (7.12)$$

wenn man (7.7) beachtet.

Für die zeitliche Änderung des Flusses folgt (mit $d\mathbf{f}_3/dt = \mathbf{v} \times d\mathbf{s}$):

$$\frac{d}{dt} \int_F \mathbf{B}(\mathbf{r}, t) \cdot d\mathbf{f} = \lim_{\Delta t \to 0} \frac{1}{\Delta t} \{ \int_{F_2} \mathbf{B}(\mathbf{r}, t) \cdot d\mathbf{f}_2 - \int_{F_1} \mathbf{B}(\mathbf{r}, t) \cdot d\mathbf{f}_1 \} \qquad (7.13)$$

$$= - \lim_{\Delta t \to 0} \frac{1}{\Delta t} \int_{F_3} \mathbf{B}(\mathbf{r}, t) \cdot d\mathbf{f}_3 = \oint_S \mathbf{B}(\mathbf{r}, t) \cdot (\mathbf{v} \times d\mathbf{s}),$$

und (7.4) nimmt die Form an:

$$\oint_S \mathbf{E}'(\mathbf{r}, t) \cdot d\mathbf{s} = - \oint_S \mathbf{B}(\mathbf{r}, t) \cdot (\mathbf{v} \times d\mathbf{s}) = - \oint_S d\mathbf{s} \cdot (\mathbf{B}(\mathbf{r}, t) \times \mathbf{v}) = \oint_S d\mathbf{s} \cdot (\mathbf{v} \times \mathbf{B}(\mathbf{r}, t)).$$

$$(7.14)$$

Gl. (7.14) gestattet, die von einem zeitlich konstanten Magnetfeld an einer bewegten Leiterschleife induzierte Ringspannung $\oint \mathbf{E}' \cdot d\mathbf{s}$ (**elektromotorische Kraft**) zu berechnen.

**Anwendung** Wechselstrom-Generator

Durch Kombination von Fall 1 und Fall 2 erhält man:

$$\oint_S \mathbf{E}' \cdot d\mathbf{s} = - \int_F \frac{\partial B}{\partial t} \cdot d\mathbf{f} + \oint_S d\mathbf{s} \cdot (\mathbf{v} \times \mathbf{B}) = \oint_S \mathbf{E} \cdot d\mathbf{s} + \oint_S (\mathbf{v} \times \mathbf{B}) \cdot d\mathbf{s}. \tag{7.15}$$

Da die Leiterschleife $S$ beliebig gewählt werden kann, folgt:

$$\mathbf{E}' = \mathbf{E} + (\mathbf{v} \times \mathbf{B}). \tag{7.16}$$

Dieser Zusammenhang zwischen der (induzierten) elektrischen Feldstärke $\mathbf{E}'$ im mitbe-wegten System $\Sigma'$ und der (induzierten) Feldstärke $\mathbf{E}$ und der magnetischen Induktion $\mathbf{B}$ im Laborsystem $\Sigma$ läßt sich für $v \ll c$ im Rahmen des Galilei'schen Relativitätsprinzips verstehen:

Auf einen Ladungsträger $q$ des Leiterkreises $S$ wirkt im Laborsystem $\Sigma$ die Kraft

$$\mathbf{F}(\mathbf{r}, t) = q(\mathbf{E}(\mathbf{r}, t) + (\mathbf{v} \times \mathbf{B}(\mathbf{r}, t))), \tag{7.17}$$

während im mitbewegten System $\Sigma'$ gilt:

$$\mathbf{F}'(\mathbf{r}, t) = q\mathbf{E}'(\mathbf{r}, t), \tag{7.18}$$

da $q$ in $\Sigma'$ ruht, also $\mathbf{v}'_q = 0$. Für $\mathbf{v} = \mathrm{const.}$ ist der Zusammenhang von $\Sigma$ und $\Sigma'$ durch eine Galilei-Transformation gegeben und es ist

$$\mathbf{F}(\mathbf{r}, t) = \mathbf{F}'(\mathbf{r}, t), \tag{7.19}$$

woraus direkt (7.16) folgt.

## 7.3  Erweiterung des Ampère'schen Gesetzes

Das Ampère'sche Gesetz der Magnetostatik

$$\nabla \times \mathbf{B}(\mathbf{r}, t) = \mu_0 \mathbf{j}(\mathbf{r}, t) \tag{7.20}$$

gilt nur für stationäre Ströme. Bildet man

$$\nabla \cdot (\nabla \times \mathbf{B}(\mathbf{r}, t)) = \mu_0 \nabla \cdot \mathbf{j}(\mathbf{r}, t), \tag{7.21}$$

so erhält man wegen der Identität

$$\nabla \cdot (\nabla \times \mathbf{a}) = 0, \tag{7.22}$$

gerade $\nabla \cdot \mathbf{j}(\mathbf{r}, t) = 0$, d. h. stationäre Ströme. Allgemein gilt jedoch die Kontinuitätsgleichung

$$\nabla \cdot \mathbf{j}(\mathbf{r}, t) = -\frac{\partial \rho(\mathbf{r}, t)}{\partial t}, \tag{7.23}$$

so daß (7.20) für nichtstationäre Ströme modifiziert werden muß.

Wie diese Modifikation aussieht wird sofort klar, wenn man das Gauß'sche Gesetz der Elektrostatik (Abschn. 3.4) beibehält:

$$\nabla \cdot \mathbf{E}(\mathbf{r}, t) = \frac{\rho(\mathbf{r}, t)}{\epsilon_0}, \tag{7.24}$$

was durch die in Abschn. 3.1 aufgeführte Ladungsinvarianz gestützt wird. Kombiniert man nun (7.23) und (7.24), so folgt:

$$\nabla \cdot \mathbf{j}(\mathbf{r}, t) + \frac{\partial \rho(\mathbf{r}, t)}{\partial t} = \nabla \cdot \left(\mathbf{j}(\mathbf{r}, t) + \epsilon_0 \frac{\partial \mathbf{E}(\mathbf{r}, t)}{\partial t}\right) = 0. \tag{7.25}$$

Ersetzt man daher

$$\mathbf{j}(\mathbf{r}, t) \rightarrow \mathbf{j}(\mathbf{r}, t) + \epsilon_0 \frac{\partial \mathbf{E}(\mathbf{r}, t)}{\partial t}, \tag{7.26}$$

so hat man wieder einen Strom mit verschwindender Divergenz wie in der Magnetostatik. In Einklang mit der Ladungserhaltung erweitern wir also (7.20) wie folgt:

$$\nabla \times \mathbf{B}(\mathbf{r}, t) = \mu_0 \mathbf{j}(\mathbf{r}, t) + \mu_0 \epsilon_0 \frac{\partial \mathbf{E}(\mathbf{r}, t)}{\partial t}. \tag{7.27}$$

Das Ampère'sche Gesetz (7.27) findet seine experimentelle Bestätigung in der Existenz elektromagnetischer Wellen (s. Kap. 10).

## 7.4 Übersicht über die Maxwell'schen Gleichungen

**Homogene Gleichungen:**

$$\nabla \cdot \mathbf{B}(\mathbf{r}, t) = 0, \tag{7.28}$$

was dem Fehlen magnetischer Monopole entspricht.

$$\nabla \times \mathbf{E}(\mathbf{r}, t) + \frac{\partial \mathbf{B}(\mathbf{r}, t)}{\partial t} = 0, \tag{7.29}$$

was dem Induktionsgesetz entspricht.

**Inhomogene Gleichungen:**

$$\nabla \cdot \mathbf{E}(\mathbf{r}, t) = \frac{\rho(\mathbf{r}, t)}{\epsilon_0}, \tag{7.30}$$

was dem Gauß'schen Gesetz entspricht;

$$\nabla \times \mathbf{B}(\mathbf{r}, t) - \mu_0 \epsilon_0 \frac{\partial \mathbf{E}(\mathbf{r}, t)}{\partial t} = \mu_0 \mathbf{j}(\mathbf{r}, t), \tag{7.31}$$

was dem Ampère-Maxwell'schen Gesetz entspricht.

In (7.30) und (7.31) ist die Ladungserhaltung (7.23) schon implizit enthalten. (7.29) und (7.31) zeigen, daß ein zeitlich sich änderndes Magnetfeld $\mathbf{B}(\mathbf{r}, t)$ ein elektrisches Feld $\mathbf{E}(\mathbf{r}, t)$ bedingt und umgekehrt. Die Gl. (7.28)–(7.31) beschreiben zusammen mit der Lorentz-Kraft

$$\mathbf{F}(\mathbf{r}, t) = q(\mathbf{E}(\mathbf{r}, t) + (\mathbf{v} \times \mathbf{B}(\mathbf{r}, t))). \tag{7.32}$$

vollständig die elektromagnetische Wechselwirkung geladener Teilchen im Rahmen der klassischen Physik.

Zusammenfassend haben wir in diesem Kapitel die bisherigen Fälle von statischen Ladungen oder stationären Strömen erweitert und die Feldgleichungen für $\mathbf{E}(\mathbf{r}, t)$ und $\mathbf{B}(\mathbf{r}, t)$ für beliebige raum-zeit abhängige Quellen $\rho(\mathbf{r}, t)$ und $\mathbf{j}(\mathbf{r}, t)$ auf der Grundlage von Faradays Induktionsgesetz abgeleitet.

# Die elektromagnetischen Potentiale 8

## Inhaltsverzeichnis



Anstatt die gekoppelten Differentialgleichungen (7.28)–(7.31) für $\mathbf{E}(\mathbf{r}, t)$ und $\mathbf{B}(\mathbf{r}, t)$ direkt zu lösen, ist es – analog zu dem Vorgehen in der Elektrostatik und Magnetostatik – vorteilhafter, **elektromagnetische Potentiale** zu verwenden, die jedoch nicht eindeutig sind. Es wird gezeigt, dass bestimmte Eichtransformationen erlaubt sind, die die physikalischen Felder $\mathbf{E}(\mathbf{r}, t)$ und $\mathbf{B}(\mathbf{r}, t)$ nicht verändern.

## 8.1 Skalares Potential und Vektorpotential

Da generell

$$\nabla \cdot \mathbf{B}(\mathbf{r}; t) = 0, \tag{8.1}$$

gilt, können wir ein Vektorpotential $\mathbf{A} = \mathbf{A}(\mathbf{r}, t)$ über die Beziehung

$$\mathbf{B}(\mathbf{r}; t) = \nabla \times \mathbf{A}(\mathbf{r}; t) \tag{8.2}$$

einführen. Dann schreibt sich (7.29) als


© Der/die Autor(en), exklusiv lizenziert an Springer Nature Switzerland AG 2025

W. Cassing, *Theoretische Physik kompakt II*,

https://doi.org/10.1007/978-3-031-96471-8_8


73

$$\nabla \times \left( \mathbf{E}(\mathbf{r};t) + \frac{\partial \mathbf{A}(\mathbf{r};t)}{\partial t} \right) = 0, \tag{8.3}$$

und die Vektorfunktion $(\mathbf{E}(\mathbf{r};t) + \partial \mathbf{A}(\mathbf{r};t)/\partial t)$ läßt sich als Gradient einer skalaren Funktion $\Phi = \Phi(\mathbf{r},t)$ darstellen:

$$\mathbf{E}(\mathbf{r};t) + \frac{\partial \mathbf{A}(\mathbf{r};t)}{\partial t} = -\nabla \Phi(\mathbf{r};t), \tag{8.4}$$

oder

$$\mathbf{E}(\mathbf{r};t) = -\frac{\partial \mathbf{A}(\mathbf{r};t)}{\partial t} - \nabla \Phi(\mathbf{r};t). \tag{8.5}$$

Damit sind $\mathbf{E}(\mathbf{r};t)$ und $\mathbf{B}(\mathbf{r};t)$ auf das Vektorpotential $\mathbf{A}(\mathbf{r};t)$ und das skalare Potential $\Phi(\mathbf{r};t)$ zurückgeführt, und wir müssen nun die Differentialgleichungen aufstellen, aus denen $\mathbf{A}(\mathbf{r};t)$ und $\Phi(\mathbf{r};t)$ berechnet werden können, wenn $\rho(\mathbf{r},t)$ und $\mathbf{j}(\mathbf{r},t)$ vorgegeben sind.

Dazu benutzen wir die inhomogenen Gl. (7.30) und (7.31). Aus (7.30) folgt mit $\mathbf{E}(\mathbf{r};t)$ aus (8.5):

$$\Delta \Phi(\mathbf{r};t) + \nabla \cdot \frac{\partial \mathbf{A}(\mathbf{r};t)}{\partial t} = -\frac{\rho(\mathbf{r};t)}{\epsilon_0} \tag{8.6}$$

und aus (7.31) mit (8.2):

$$\nabla \times (\nabla \times \mathbf{A}(\mathbf{r};t)) + \mu_0 \epsilon_0 \left( \nabla \frac{\partial \Phi(\mathbf{r};t)}{\partial t} + \frac{\partial^2 \mathbf{A}(\mathbf{r};t)}{\partial t^2} \right) = \mu_0 \mathbf{j}(\mathbf{r};t). \tag{8.7}$$

Mit der Identität

$$\nabla \times (\nabla \times \mathbf{a}) = -\Delta \mathbf{a} + \nabla(\nabla \cdot \mathbf{a}) \tag{8.8}$$

geht (8.7) über in:

$$\Delta \mathbf{A}(\mathbf{r};t) - \mu_0 \epsilon_0 \frac{\partial^2 \mathbf{A}(\mathbf{r};t)}{\partial t^2} - \nabla \left( \nabla \cdot \mathbf{A}(\mathbf{r};t) + \mu_0 \epsilon_0 \frac{\partial \Phi(\mathbf{r};t)}{\partial t} \right) = -\mu_0 \mathbf{j}(\mathbf{r};t). \tag{8.9}$$

Damit haben wir die 8 Maxwell-Gleichungen für $\mathbf{E}(\mathbf{r};t)$ und $\mathbf{B}(\mathbf{r};t)$ überführt in 4 Gleichungen für die Potentiale $\mathbf{A}(\mathbf{r};t)$ und $\Phi(\mathbf{r};t)$, die jedoch untereinander gekoppelt sind.

Zur Entkopplung machen wir davon Gebrauch, daß die Maxwell-Gleichungen invariant sind unter **Eichtransformationen:**

$$\mathbf{A}(\mathbf{r};t) \rightarrow \mathbf{A}(\mathbf{r};t) + \nabla \chi(\mathbf{r},t), \tag{8.10}$$

$$\Phi(\mathbf{r};t) \rightarrow \Phi(\mathbf{r};t) - \frac{\partial \chi(\mathbf{r},t)}{\partial t}, \tag{8.11}$$

wobei $\chi(\mathbf{r}, t)$ eine beliebige (2-mal stetig differenzierbare) Funktion ist.

## 8.2   Lorentz-Konvention

Gl. (8.9) legt nahe, $\chi(\mathbf{r}, t)$ so zu wählen, daß

$$\nabla \cdot \mathbf{A}(\mathbf{r}; t) + \mu_0 \epsilon_0 \frac{\partial \Phi(\mathbf{r}; t)}{\partial t} = 0, \tag{8.12}$$

was der **Lorentz-Konvention** entspricht. Man erhält dann aus (8.9) und (8.6) entkoppelte Gleichungen:

$$\Delta \mathbf{A}(\mathbf{r}; t) - \mu_0 \epsilon_0 \frac{\partial^2 \mathbf{A}(\mathbf{r}; t)}{\partial t^2} = -\mu_0 \mathbf{j}(\mathbf{r}; t). \tag{8.13}$$

$$\Delta \Phi(\mathbf{r}; t) - \mu_0 \epsilon_0 \frac{\partial^2 \Phi(\mathbf{r}; t)}{\partial t^2} = -\frac{\rho(\mathbf{r}; t)}{\epsilon_0}, \tag{8.14}$$

welche jeweils die gleiche mathematische Struktur besitzen. Sie vereinfachen sich für zeitunabhängige Felder auf die Gl. (3.26) und (6.25) der Elektrostatik bzw. Magnetostatik. Die Lorentz-Eichung (8.12) wird bei der relativistischen Formulierung der Elektrodynamik benutzt unter Verwendung von $\mu_0 \epsilon_0 = c^{-2}$.

**Konstruktion von $\chi(\mathbf{r}, t)$:** Falls

$$\nabla \cdot \mathbf{A}(\mathbf{r}; t) + \mu_0 \epsilon_0 \frac{\partial \Phi(\mathbf{r}; t)}{\partial t} \neq 0 \tag{8.15}$$

führen wir eine Eichtransformation durch und fordern:

$$\nabla \cdot \mathbf{A}(\mathbf{r}; t) + \Delta \chi(\mathbf{r}; t) + \mu_0 \epsilon_0 \frac{\partial \Phi(\mathbf{r}; t)}{\partial t} - \mu_0 \epsilon_0 \frac{\partial^2 \chi(\mathbf{r}; t)}{\partial t^2} = 0. \tag{8.16}$$

Gl. (8.16) ist eine inhomogene, partielle Differentialgleichung 2. Ordnung der Form

$$\Delta \chi(\mathbf{r}, t) - \mu_0 \epsilon_0 \frac{\partial^2 \chi(\mathbf{r}, t)}{\partial t^2} = f(\mathbf{r}, t). \tag{8.17}$$

Bei gegebener Inhomogenität

$$f(\mathbf{r}, t) = -\nabla \cdot \mathbf{A}(\mathbf{r}; t) - \mu_0 \epsilon_0 \frac{\partial \Phi(\mathbf{r}; t)}{\partial t} \tag{8.18}$$

ist die Lösung mehrdeutig, da zu jeder Lösung von (8.17) noch eine beliebige Lösung der homogenen Gleichung

$$\Delta \chi(\mathbf{r}; t) - \mu_0 \epsilon_0 \frac{\partial^2 \chi(\mathbf{r}; t)}{\partial t^2} = 0 \tag{8.19}$$

addiert werden kann. Diesen Sachverhalt bezeichnet man als **Eichfreiheit**.

## 8.3   Coulomb-Eichung

In der Atom- und Kernphysik wird $\chi(\mathbf{r}, t)$ meist so gewählt, daß

$$\nabla \cdot \mathbf{A}(\mathbf{r}; t) = 0. \tag{8.20}$$

Dann geht (8.6) über in

$$\Delta \Phi(\mathbf{r}; t) = -\frac{\rho(\mathbf{r}; t)}{\epsilon_0}, \tag{8.21}$$

mit der schon bekannten (partikulären) Lösung:

$$\Phi(\mathbf{r}, t) = \frac{1}{4\pi \epsilon_0} \int_V \frac{\rho(\mathbf{r}', t)}{|\mathbf{r} - \mathbf{r}'|} \, dV'; \tag{8.22}$$

aus (8.9) wird

$$\begin{aligned}
\Delta \mathbf{A}(\mathbf{r}; t) - \mu_0 \epsilon_0 \frac{\partial^2 \mathbf{A}(\mathbf{r}; t)}{\partial t^2} &= -\mu_0 \mathbf{j}(\mathbf{r}, t) + \epsilon_0 \mu_0 \, \nabla \frac{\partial \Phi(\mathbf{r}, t)}{\partial t} \\
&= -\mu_0 \mathbf{j}(\mathbf{r}, t) - \frac{\epsilon_0 \mu_0}{4\pi \epsilon_0} \int_V \frac{\partial \rho(\mathbf{r}', t)/\partial t \, (\mathbf{r} - \mathbf{r}')}{|\mathbf{r} - \mathbf{r}'|^3} \, dV \\
&= -\mu_0 \mathbf{j}(\mathbf{r}, t) + \frac{\mu_0}{4\pi} \int_V \frac{(\nabla \cdot \mathbf{j}(\mathbf{r}', t))(\mathbf{r} - \mathbf{r}')}{|\mathbf{r} - \mathbf{r}'|^3} \, dV'.
\end{aligned} \tag{8.23}$$

**Anwendung**   In quellenfreien Gebieten, wo

$$\rho(\mathbf{r}; t) = 0; \quad \mathbf{j}(\mathbf{r}; t) = 0, \tag{8.24}$$

reduzieren sich (8.22) und (8.23) dann auf:

$$\Phi = 0; \quad \Delta \mathbf{A}(\mathbf{r}; t) - \mu_0 \epsilon_0 \frac{\partial^2 \mathbf{A}(\mathbf{r}; t)}{\partial t^2} = 0. \tag{8.25}$$

Die Lösungen von (8.25) sind **elektromagnetische Wellen,** z.B. in Form transversaler, ebener Wellen (siehe Kap. 10).

**Konstruktion von** $\chi(\mathbf{r}, t)$**:** Erfüllt die Lösung $\mathbf{A}(\mathbf{r}, t)$ von (8.9) nicht die Eichbedingung (8.20), so führen wir die Transformation (8.10), (8.11) durch und fordern

$$\nabla \cdot \mathbf{A}(\mathbf{r}; t) + \Delta\chi(\mathbf{r}; t) = 0, \tag{8.26}$$

oder

$$\Delta\chi(\mathbf{r}, t) = -\nabla \cdot \mathbf{A}(\mathbf{r}, t). \tag{8.27}$$

Dies ist ein Spezialfall von (8.17) mit $-\nabla \cdot \mathbf{A}(\mathbf{r}, t)$ als Inhomogenität. Mehrdeutigkeit von $\chi(\mathbf{r}, t)$: Zu jeder Lösung von (8.27) kann man noch eine beliebige Lösung der homogenen Gleichung

$$\Delta\chi(\mathbf{r}, t) = 0 \tag{8.28}$$

addieren (Eichfreiheit).

## 8.4 Induktionsgesetz, Selbstinduktion

Der magnetische Fluß als entscheidende Größe des Induktionsgesetzes läßt sich mit Hilfe des Vektorpotentials wie folgt ausdrücken (Argumente der Integranden unterdrückt):

$$\int_F \mathbf{B} \cdot d\mathbf{f} = \int_F (\nabla \times \mathbf{A}) \cdot d\mathbf{f} = \oint_S \mathbf{A} \cdot d\mathbf{s}, \tag{8.29}$$

wenn man den Satz von Stokes anwendet. Die rechte Seite von (8.29) zeigt explizit, daß der Fluß nur vom Weg (Leiterschleife) $S$ abhängt, nicht jedoch von der speziellen Form der in $S$ eingespannten Fläche $F$.

Für den Fall der Selbstinduktion hat man bei gegebener Stromdichte $\mathbf{j}(\mathbf{r}, t)$ aus (8.13) bzw. (8.23) das Vektorpotential $\mathbf{A}(\mathbf{r}, t)$ zu bestimmen und damit das Integral (8.29) zu berechnen. Das Ergebnis hängt bei gegebener Stromstärke nur noch von der Leitergeometrie ab. Es ist wegen

$$\oint_S (\nabla\chi) \cdot d\mathbf{s} = \int_F (\nabla \times \nabla\chi) \cdot d\mathbf{f} = 0 \tag{8.30}$$

unabhängig von der Wahl der Eichung, d. h. unter der Transformation $\mathbf{A}(\mathbf{r}; t) \to \mathbf{A}(\mathbf{r}; t) + \nabla\chi(\mathbf{r}; t)$.

Zusammenfassend haben wir die gekoppelten Maxwellschen Gleichungen für die Felder $\mathbf{E}(\mathbf{r}, t)$ und $\mathbf{B}(\mathbf{r}, t)$ in inhomogene Wellengleichungen für das skalare Potential $\Phi(\mathbf{r}; t)$ und das Vektorpotential $\mathbf{A}(\mathbf{r}; t)$ umgeschrieben, die durch eine spezifische Wahl der Eichung $\chi(\mathbf{r}; t)$ aufgrund der **Eichfreiheit** entkoppelt werden können, wobei die physikalischen Felder $\mathbf{E}(\mathbf{r}, t)$ und $\mathbf{B}(\mathbf{r}, t)$ unverändert bleiben.

# Energie, Impuls und Drehimpuls des Feldes — 9

## Inhaltsverzeichnis



In diesem Kapitel werden wir die Energie, den Impuls und den Drehimpuls des elektromagnetischen Feldes berechnen, was die Grundlage für die Beschreibung elektromagnetischer Phänomene im atomaren Bereich durch Teilchen (**Photonen**) bilden wird.

## 9.1   Energie

In Abschn. 3.5 hatten wir dem elektrostatischen Feld eine Energie zugeordnet, charakterisiert durch die Energiedichte

$$\omega_{el}(\mathbf{r}; t) = \frac{\epsilon_0}{2}\mathbf{E}^2(\mathbf{r}; t). \tag{9.1}$$

Analog kann man dem magnetostatischen Feld eine Energie zuordnen. Wir wollen diesen Schritt überspringen und direkt die Energiebilanz für ein beliebiges elektromagnetisches Feld aufstellen.

Wir betrachten dazu zunächst eine Punktladung $q$, die sich mit der Geschwindigkeit $\mathbf{v}$ in einem elektromagnetischen Feld $\{\mathbf{E}, \mathbf{B}\}$ bewegt. Die an dieser Ladung vom Feld geleistete Arbeit pro Zeit ist gegeben durch:

$$\frac{dW}{dt} = \mathbf{F} \cdot \mathbf{v} = q(\mathbf{E} + (\mathbf{v} \times \mathbf{B})) \cdot \mathbf{v} = q\mathbf{E} \cdot \mathbf{v}, \tag{9.2}$$


© Der/die Autor(en), exklusiv lizenziert an Springer Nature Switzerland AG 2025      79
W. Cassing, *Theoretische Physik kompakt II*,
https://doi.org/10.1007/978-3-031-96471-8_9

da das Magnetfeld keine Arbeit leistet. Entsprechend gilt für einen Strom der Stromdichte $\mathbf{j}(\mathbf{r}, t)$ (Argumente der Integranden unterdrückt):

$$\frac{dW_M}{dt} = \int_V (\mathbf{E} \cdot \mathbf{j})\, dV. \tag{9.3}$$

Die an den bewegten Punktladungen vom Feld geleistete Arbeit geht auf Kosten des elektromagnetischen Feldes, deren explizite Form im Folgenden hergeleitet werden soll.

Wir eliminieren in (9.3) zunächst die sich auf die bewegten Massenpunkte beziehende Stromdichte $\mathbf{j}$ mit Hilfe von Gl. (7.31):

$$\int_V (\mathbf{E} \cdot \mathbf{j})\, dV = \int_V \left(\frac{1}{\mu_0}\mathbf{E} \cdot (\nabla \times \mathbf{B}) - \epsilon_0 \mathbf{E} \cdot \frac{\partial \mathbf{E}}{\partial t}\right) dV; \tag{9.4}$$

diesen Ausdruck, der nur noch die Felder $\mathbf{E}$ und $\mathbf{B}$ enthält, können wir symmetrisieren bzgl. $\mathbf{E}$ und $\mathbf{B}$ mit den Relationen

$$\nabla \cdot (\mathbf{a} \times \mathbf{b}) = \mathbf{b} \cdot (\nabla \times \mathbf{a}) - \mathbf{a} \cdot (\nabla \times \mathbf{b}) \tag{9.5}$$

und

$$\nabla \times \mathbf{E} = -\frac{\partial \mathbf{B}}{\partial t}. \tag{9.6}$$

Ergebnis:

$$\frac{dW_M}{dt} = \int_V (\mathbf{E} \cdot \mathbf{j})\, dV = -\int_V \left(\frac{1}{2\mu_0}\frac{\partial \mathbf{B}^2}{\partial t} + \frac{\epsilon_0}{2}\frac{\partial \mathbf{E}^2}{\partial t} + \frac{1}{\mu_0}\nabla \cdot (\mathbf{E} \times \mathbf{B})\right) dV. \tag{9.7}$$

**Interpretation:**

**Fall 1:** $V \to \infty$

Aus (9.3) und (9.7) folgt für die **Feldenergie**

$$W_F = \int_V \left(\frac{1}{2\mu_0}\mathbf{B}^2 + \frac{\epsilon_0}{2}\mathbf{E}^2\right) dV, \tag{9.8}$$

falls die Felder asymptotisch schnell genug abfallen, sodaß der $\nabla \cdot\,$ – Term in (9.7) verschwindet. Mit Hilfe des Satzes von Gauß,

$$\int_V \nabla \cdot (\mathbf{E} \times \mathbf{B})\, dV = \oint_F (\mathbf{E} \times \mathbf{B}) \cdot d\mathbf{f} \tag{9.9}$$

mit $F$ als Oberfläche des (zunächst als endlich angenommenen) Volumes $V$, findet man, daß die Felder $\mathbf{E}$ und $\mathbf{B}$ stärker als $1/R$ abfallen müssen, da $df$ mit $R^2$ anwächst (vgl. Abschn. 3.5). Für statische Felder ist die obige Voraussetzung erfüllt, nicht dagegen für Strahlungsfelder (vgl. Kap. 12). In (9.8) können wir nun die **Energiedichte des elektromagnetischen Feldes**

$$\omega_F = \frac{1}{2\mu_0}\mathbf{B}^2 + \frac{\epsilon_0}{2}\mathbf{E}^2 \tag{9.10}$$

einführen, welche sich aus einem elektrischen Anteil (vgl. (9.1))

$$\omega_{el} = \frac{\epsilon_0}{2}\mathbf{E}^2 \tag{9.11}$$

und einem magnetischen Anteil

$$\omega_{mag} = \frac{1}{2\mu_0}\mathbf{B}^2 \tag{9.12}$$

zusammensetzt.

**Fall 2:** $V$ endlich

Wir behalten die Interpretation von (9.10) bei und schreiben, da $V$ beliebig wählbar ist, Gl. (9.7) als (differentielle) Energiebilanz:

$$\mathbf{E}\cdot\mathbf{j} + \frac{\partial\omega_F}{\partial t} + \nabla\cdot\mathbf{S} = 0. \tag{9.13}$$

mit

$$\mathbf{S} = \frac{1}{\mu_0}(\mathbf{E}\times\mathbf{B}). \tag{9.14}$$

**Interpretation** von (9.13): Die Feldenergie in einem Volumen $V$ kann sich ändern dadurch, daß Energie in Form von elektromagnetischer Strahlung (Kap. 12) hinein- (hinaus-) strömt, beschrieben durch den Term $\nabla\cdot\mathbf{S}$, und/oder daß an Punktladungen Arbeit geleistet wird, beschrieben durch $\mathbf{E}\cdot\mathbf{j}$. In Analogie zur Ladungserhaltung (Abschn. 5.1) nennen wir $S$ die

**Energiestromdichte** (Poynting-Vektor). Die Energiebilanz zeigt, daß die Energie des abgeschlossenen Systems (Punktladungen plus elektromagnetisches Feld) eine Erhaltungsgröße ist.

## 9.2   Impuls

Dem elektromagnetischen Feld kann man außer Energie auch Impuls zuordnen. Wir beginnen wieder mit der Impulsbilanz für eine Punktladung $q$ mit der Geschwindigkeit $\mathbf{v}$. Nach Newton gilt dann für die Änderung des Impulses der Punktladung:

$$\mathbf{F} = \frac{d\mathbf{p}_M}{dt} = q(\mathbf{E} + (\mathbf{v} \times \mathbf{B})); \tag{9.15}$$

entsprechend für $N$ Punktladungen, charakterisiert durch eine Stromdichte $\mathbf{j}$ und Ladungsdichte $\rho$:

$$\frac{d\mathbf{P}_M}{dt} = \int_V (\rho\mathbf{E} + (\mathbf{j} \times \mathbf{B}))\, dV. \tag{9.16}$$

Analog zu Abschn. 9.1 versuchen wir $\rho$ und $\mathbf{j}$ zu eliminieren, sodaß die rechte Seite in (9.16) nur noch die Felder $\mathbf{E}$ und $\mathbf{B}$ enthält.

Wir benutzen dazu

$$\rho = \epsilon_0 \nabla \cdot \mathbf{E} \tag{9.17}$$

und

$$\mathbf{j} = \frac{1}{\mu_0}\nabla \times \mathbf{B} - \epsilon_0\frac{\partial\mathbf{E}}{\partial t}. \tag{9.18}$$

Das Resultat

$$\frac{d\mathbf{P}_M}{dt} = \int_V \left(\epsilon_0\mathbf{E}(\nabla \cdot \mathbf{E}) + \frac{1}{\mu_0}(\nabla \times \mathbf{B}) \times \mathbf{B} - \epsilon_0(\frac{\partial\mathbf{E}}{\partial t} \times \mathbf{B})\right) dV \tag{9.19}$$

können wir bzgl. $\mathbf{E}$ und $\mathbf{B}$ symmetrisieren, indem wir in (9.19) den (verschwindenden) Term

$$\frac{1}{\mu_0}\mathbf{B}(\nabla \cdot \mathbf{B}) \tag{9.20}$$

hinzufügen und unter Ausnutzung der Produktregel in

$$-\epsilon_0(\frac{\partial\mathbf{E}}{\partial t} \times \mathbf{B}) = -\epsilon_0\frac{\partial}{\partial t}(\mathbf{E} \times \mathbf{B}) + \epsilon_0(\mathbf{E} \times \frac{\partial\mathbf{B}}{\partial t}) \tag{9.21}$$

das Induktionsgesetz

$$\nabla \times \mathbf{E} = -\frac{\partial \mathbf{B}}{\partial t} \tag{9.22}$$

einsetzen. Ergebnis:

$$\frac{d\mathbf{P}_M}{dt} = \int_V \left\{ \left[ \epsilon_0 \mathbf{E}(\nabla \cdot \mathbf{E}) + \frac{1}{\mu_0} \mathbf{B}(\nabla \cdot \mathbf{B}) + \frac{1}{\mu_0}(\nabla \times \mathbf{B}) \times \mathbf{B} + \epsilon_0 (\nabla \times \mathbf{E}) \times \mathbf{E} \right] - \epsilon_0 \frac{\partial}{\partial t}(\mathbf{E} \times \mathbf{B}) \right\} dV. \tag{9.23}$$

Für die Interpretation von (9.23) fassen wir die [....]-Terme wie folgt zusammen:

$$(\mathbf{E}(\nabla \cdot \mathbf{E}) + \mathbf{E} \times (\nabla \times \mathbf{E}))_i = E_i \sum_{m=1}^{3} \frac{\partial E_m}{\partial x_m} - \sum_{m=1}^{3} \frac{\partial E_m}{\partial x_i} E_m + \sum_{m=1}^{3} \frac{\partial E_i}{\partial x_m} E_m \tag{9.24}$$

$$= \sum_{m=1}^{3} \frac{\partial}{\partial x_m}(E_i E_m) - \frac{1}{2}\frac{\partial}{\partial x_i}\left(\sum_{m=1}^{3} E_m^2\right) = \sum_{m=1}^{3} \frac{\partial}{\partial x_m}\left(E_i E_m - \frac{1}{2}E^2 \delta_{im}\right).$$

Entsprechend verfahren wir für die **B**-Terme. Ergebnis $(i = 1, 2, 3)$ :

$$\frac{d}{dt}(\mathbf{P}_M + \mathbf{P}_F)_i = \int_V \sum_{m=1}^{3} \frac{\partial}{\partial x_m} T_{im} \, dV \tag{9.25}$$

mit dem Tensor

$$T_{im} = \epsilon_0\left(E_i E_m - \frac{1}{2}E^2 \delta_{im}\right) + \frac{1}{\mu_0}\left(B_i B_m - \frac{1}{2}B^2 \delta_{im}\right) \text{ und } \mathbf{P}_F = \epsilon_0 \int_V (\mathbf{E} \times \mathbf{B}) \, dV. \tag{9.26}$$

**Fall 1:**  $V \to \infty$

Wie unter Abschn. 9.1 überzeugt man sich, daß die rechte Seite in (9.25) verschwindet, falls die Felder **E** und **B** schneller als $1/R$ abfallen. Dann lautet die Impulsbilanz

$$\mathbf{P}_M + \mathbf{P}_F = \quad \text{const.} \tag{9.27}$$

Gl. (9.27) legt nahe, $\mathbf{P}_F$ als Impuls des elektromagnetischen Feldes zu interpretieren. Für das abgeschlossene System (Punktladungen plus Feld) ist dann der Gesamtimpuls, der sich additiv aus Teilchen- und Feldimpuls zusammensetzt, eine Erhaltungsgröße.

**Fall 2:**  $V$ endlich

Wir formen die rechte Seite in (9.25) mit dem Gauß'schen Satz um:

$$\frac{d}{dt}(\mathbf{P}_M + \mathbf{P}_F)_i = \oint_F \sum_{m=1}^{3} T_{im} n_m \, df \tag{9.28}$$

wobei $n_m$ die Komponenten des Normalen-Vektors auf der Oberfläche $F$ von $V$ sind. Da auf der linken Seite von (9.28) nach Newton eine Kraft steht, können wir $T_{im} n_m$ als **Druck** des Feldes (**Strahlungsdruck**) interpretieren. Das elektromagnetische Feld überträgt auf einen Absorber also nicht nur Energie, sondern auch Impuls.

Der Strahlungsdruck des Lichts wurde von Lebedev und Hull direkt an einer Drehwaage nachgewiesen. An den Balkenenden angebrachte Metallplättchen wurden im Takt der Eigenschwingung jeweils belichtet; es wurden in Resonanz gut beobachtbare Ausschläge erhalten. Ein besonders augenfälliger Beweis ist die Krümmung von Kometenschweifen auf Grund des Strahlungsdruckes des von der Sonne emittierten Lichts.

**Bemerkung** Die Tatsache, daß die **Impulsdichte**

$$\vec{\pi}_F = \epsilon_0 (\mathbf{E} \times \mathbf{B}) \tag{9.29}$$

und die Energiestromdichte $\mathbf{S}$ sich nur um einen konstanten Faktor unterscheiden,

$$\vec{\pi}_F = \epsilon_0 \mu_0 \mathbf{S} = \frac{1}{c^2}\mathbf{S}, \tag{9.30}$$

ist kein Zufall, sondern ergibt sich zwangsläufig im Rahmen der relativistischen Formulierung (Kap. 19).

## 9.3  Drehimpuls

Die Änderung des Drehimpulses einer Punktladung $q$ im elektromagnetischen Feld ist gegeben durch:

$$\frac{d\mathbf{l}_M}{dt} = \mathbf{r} \times \frac{d\mathbf{p}_M}{dt} = q\mathbf{r} \times (\mathbf{E} + (\mathbf{v} \times \mathbf{B})). \tag{9.31}$$

Entsprechend gilt für $N$ Punktladungen, welche durch $\rho$ und $\mathbf{j}$ charakterisiert seien, im Volumen $V$:

$$\frac{d\mathbf{L}_M}{dt} = \int_V \mathbf{r} \times (\rho\mathbf{E} + (\mathbf{j} \times \mathbf{B}))\, dV. \tag{9.32}$$

Eliminiert man $\rho$ und $\mathbf{j}$ und symmetrisiert das Resultat bzgl. $\mathbf{E}$ und $\mathbf{B}$, so erhält man analog Abschn. 9.2:

$$\frac{d\mathbf{L}_M}{dt} = \int_V \mathbf{r} \times \{\epsilon_0\mathbf{E}(\nabla\cdot\mathbf{E}) + \frac{1}{\mu_0}\mathbf{B}(\nabla\cdot\mathbf{B}) + \frac{1}{\mu_0}(\nabla\times\mathbf{B})\times\mathbf{B} + \epsilon_0(\nabla\times\mathbf{E})\times\mathbf{E} - \epsilon_0\frac{\partial}{\partial t}(\mathbf{E}\times\mathbf{B})\}\, dV. \tag{9.33}$$

Fallen die Felder asymptotisch rasch genug ab, d. h. stärker als $1/R$, so bleibt für $V \to \infty$:

$$\frac{d}{dt}(\mathbf{L}_M + \mathbf{L}_F) = 0, \tag{9.34}$$

mit

$$\mathbf{L}_F = \epsilon_0 \int_V \mathbf{r} \times (\mathbf{E} \times \mathbf{B})\, dV = \int_V (\mathbf{r} \times \vec{\pi}_F)\, dV \tag{9.35}$$

als **Drehimpuls** des Feldes.

Die Summe aus dem mechanischen Drehimpuls $\mathbf{L}_M$ und dem des Feldes $\mathbf{L}_F$ ist eine Erhaltungsgröße:

$$\mathbf{L}_M + \mathbf{L}_F = \quad \text{const.} \tag{9.36}$$

## 9.4  Zusammenfassung

Bei Abwesenheit anderer Kräfte gelten für das abgeschlossene System (Punktladungen plus Feld) die Erhaltungssätze für Energie, Impuls und Drehimpuls. Da sich Energie, Impuls und Drehimpuls der Punktladungen zeitlich ändern, müssen wir dem Feld selbst Energie, Impuls und Drehimpuls zuordnen, um die Erhaltungssätze für das Gesamtsystem zu garantieren. Die Grundgrößen

**Energiedichte**

$$\omega_F(\mathbf{r};t) = \frac{\epsilon_0}{2}\mathbf{E}^2(\mathbf{r};t) + \frac{1}{2\mu_0}\mathbf{B}^2(\mathbf{r};t),\qquad(9.37)$$

**Impulsdichte**

$$\vec{\pi}_F(\mathbf{r};t) = \epsilon_0(\mathbf{E}(\mathbf{r};t)\times\mathbf{B}(\mathbf{r};t)) = \frac{1}{c^2}\mathbf{S}(\mathbf{r};t)\qquad(9.38)$$

und

**Drehimpulsdichte**

$$\vec{\lambda}_F(\mathbf{r};t) = \epsilon_0\mathbf{r}\times(\mathbf{E}(\mathbf{r};t)\times\mathbf{B}(\mathbf{r};t)) = \mathbf{r}\times\vec{\pi}_F(\mathbf{r};t)\qquad(9.39)$$

findet man aus den jeweiligen Bilanzen unter Verwendung der Maxwell-Gleichungen. Die Tatsache, daß man dem Maxwell-Feld **mechanische** Größen wie Energie, Impuls und Drehimpuls zuordnen kann, bietet die Grundlage für die im atomaren Bereich benutzte Beschreibung elektromagnetischer Phänomene durch Teilchen, welche als **Photonen** bezeichnet werden (nach Quantisierung).

# Das elektromagnetische Feld im Vakuum **10**

## Inhaltsverzeichnis



In diesem Kapitel werden wir die allgemeinen Lösungen der Wellengleichungen für die elektromagnetischen Felder im Vakuum, d. h. in einem quellenfreien Bereich vorstellen, die die Grundlage für die Übertragung von Informationen bilden.

## 10.1 Homogene Wellengleichungen

Im Vakuum ($\rho = 0$; $\mathbf{j} = 0$) lauten die Maxwell-Gleichungen

$$\nabla \cdot \mathbf{E} = 0; \quad \nabla \cdot \mathbf{B} = 0; \quad \nabla \times \mathbf{E} = -\frac{\partial \mathbf{B}}{\partial t}; \quad \nabla \times \mathbf{B} = \epsilon_0 \mu_0 \frac{\partial \mathbf{E}}{\partial t}. \tag{10.1}$$

Zur **Entkopplung** von $\mathbf{E}$ und $\mathbf{B}$ bilden wir

$$\nabla \times (\nabla \times \mathbf{B}) = \nabla(\nabla \cdot \mathbf{B}) - \Delta \mathbf{B} = -\epsilon_0 \mu_0 \frac{\partial^2 \mathbf{B}}{\partial t^2}; \tag{10.2}$$

das Resultat ist eine **homogene Wellengleichung**

$$\left( \Delta - \frac{1}{c^2} \frac{\partial^2}{\partial t^2} \right) \mathbf{B} = 0; \quad \frac{1}{c^2} = \epsilon_0 \mu_0. \tag{10.3}$$

Analog verfährt man mit dem **E**-Feld. Mit der Abkürzung


© Der/die Autor(en), exklusiv lizenziert an Springer Nature Switzerland AG 2025 89
W. Cassing, *Theoretische Physik kompakt II*,
https://doi.org/10.1007/978-3-031-96471-8_10

$$\Box = \Delta - \frac{1}{c^2}\frac{\partial^2}{\partial t^2} \tag{10.4}$$

erhält man dann anstelle von (10.1)

$$\Box\mathbf{B} = 0; \quad \nabla \cdot \mathbf{B} = 0 \tag{10.5}$$

und

$$\Box\mathbf{E} = 0; \quad \nabla \cdot \mathbf{E} = 0. \tag{10.6}$$

Für die zugehörigen Potentiale findet man nach Kap. 8:

$$\Box\mathbf{A} = 0; \quad \nabla \cdot \mathbf{A} = 0 \tag{10.7}$$

$$\Phi = 0 \tag{10.8}$$

in der Coulomb-Eichung ($\nabla \cdot \mathbf{A} = 0$).

Wir haben also Differentialgleichungen vom Typ

$$\Box f(\mathbf{r}, t) = 0 \tag{10.9}$$

zu lösen, wobei $f$ für irgendeine Komponente von $\mathbf{E}$, $\mathbf{B}$ oder $\mathbf{A}$ steht. Die Lösungen für $\mathbf{E}$, $\mathbf{B}$ und $\mathbf{A}$ sind dann noch der Nebenbedingung unterworfen, daß die Divergenz verschwindet (**Transversalitätsbedingung**).

## 10.2　Ebene Wellen

Ein wichtiger Lösungstyp von (10.9) sind **ebene Wellen,**

$$f = f(\mathbf{q} \cdot \mathbf{r} \mp ct) \tag{10.10}$$

für beliebige (mindestens zweifach differenzierbare) Funktionen $f$ und Vektoren $\mathbf{q}$ mit $\mathbf{q}^2 = 1$.

**Beweis** Mit der Abkürzung

$$\xi = \mathbf{q} \cdot \mathbf{r} \mp ct \tag{10.11}$$

bilden wir:

$$\nabla f = \mathbf{q}\frac{df}{d\xi}; \quad \Delta f = \mathbf{q}^2\frac{d^2 f}{d\xi^2}; \quad \mp\frac{1}{c}\frac{\partial f}{\partial t} = \frac{df}{d\xi}; \quad \frac{1}{c^2}\frac{\partial^2 f}{\partial t^2} = \frac{d^2 f}{d\xi^2}, \quad \text{q.e.d.} \quad (10.12)$$

Damit ist

$$\mathbf{B}(\mathbf{r}, t) = \mathbf{B}_0\, f(\mathbf{r}, t) \tag{10.13}$$

Lösung von (10.3); analog für $\mathbf{E}$ und $\mathbf{A}$.

**Eigenschaften der Lösungen**

i) Ebene Wellen

Funktionen vom Typ (10.10) beschreiben ebene Wellen, deren Wellenfronten Ebenen sind: Die Punkte $\mathbf{r}$, in denen $f(\mathbf{r}, t)$ zu einer festen Zeit $t$ den gleichen Wert annimmt, liegen auf einer Ebenen (Hesse'sche Normalform)

$$\mathbf{q} \cdot \mathbf{r} = \quad \text{const}, \tag{10.14}$$

welche senkrecht zu $\mathbf{q}$ steht. Je nach Wahl des Vorzeichens in (10.10) erhält man Wellen, die in $\pm\mathbf{q}$-Richtung laufen.

ii) Transversalität der elektromagnetischen Wellen

Aus $\nabla \cdot \mathbf{B}$ folgt mit (10.13)

$$(\mathbf{B}_0 \cdot \mathbf{q})\frac{df}{d\xi} = 0, \tag{10.15}$$

also

$$\mathbf{B} \cdot \mathbf{q} = 0; \tag{10.16}$$

entsprechend für $\mathbf{E}$ und $\mathbf{A}$ wegen $\nabla \cdot \mathbf{E} = 0$ und der Coulomb-Eichung $\nabla \cdot \mathbf{A} = 0$.

iii) Orthogonalität von $\mathbf{E}$ und $\mathbf{B}$

Aus

$$\nabla \times \mathbf{E} = -\frac{\partial \mathbf{B}}{\partial t} \tag{10.17}$$

folgt für die ebenen Wellenlösungen

$$\mathbf{E} = \mathbf{E}_0\, f(\mathbf{q} \cdot \mathbf{r} - ct); \quad \mathbf{B} = \mathbf{B}_0\, g(\mathbf{q} \cdot \mathbf{r} - ct) \tag{10.18}$$

die Beziehung

$$(\mathbf{q} \times \mathbf{E}_0)\frac{df}{d\xi} = c\mathbf{B}_0\frac{dg}{d\xi},\tag{10.19}$$

also $\mathbf{E} \perp \mathbf{B}$ mit (10.16). $\mathbf{E}$, $\mathbf{B}$ und $\mathbf{q}$ bilden also ein orthogonales Dreibein.

**Bemerkungen**

1. Außer ebenen Wellen sind z. B. auch Kugelwellen Lösungen von (10.9); sie haben die Form ($r = |\mathbf{r}|$):

$$\frac{f(r - ct)}{r},\tag{10.20}$$

   wobei $f$ eine beliebige (mindestens zweifach differenzierbare) Funktion ist. Der Beweis verläuft analog zu (10.12) in Kugelkoordinaten.
2. Die Existenz von elektromagnetischen Wellen (z. B. Lichtwellen, Radiowellen, Mikrowellen, $\gamma$-Strahlung etc.) beweist die Richtigkeit der Relation $\nabla \times \mathbf{B} = \epsilon_0\mu_0\partial\mathbf{E}/\partial t$ im Vakuum, welche entscheidend in die Herleitung der Wellengleichungen eingegangen ist. Sie bringt die experimentelle Bestätigung für das Maxwell-Ampère-Gesetz (7.27).

## 10.3  Monochromatische ebene Wellen

Eine spezielle Form der ebenen Welle ist (z. B. für die elektrische Feldstärke)

$$\mathbf{E} = \mathbf{E}_0 \exp(i\,(\mathbf{k} \cdot \mathbf{r} \mp \omega t)).\tag{10.21}$$

Dabei ist

$$\mathbf{k} = k\mathbf{q},\tag{10.22}$$

und $\omega$ und $\mathbf{k}$ hängen über die **Dispersionsrelation**

$$\omega^2 = k^2 c^2\tag{10.23}$$

zusammen, wie man durch Einsetzen von (10.21) in die Wellengleichung (10.6) sofort sieht. Eine ebene Welle vom Typ (10.21) nennt man **monochromatisch.** Entsprechende Lösungen findet man für $\mathbf{A}$ und $\mathbf{B}$.

**Bemerkung** $\mathbf{E}$, $\mathbf{A}$ und $\mathbf{B}$ sind reelle Vektorfelder nach Definition. Die komplexe Schreibweise in Gl. (10.21) ist verabredungsgemäß so zu verstehen, daß das physikalische Vektorfeld durch den Realteil von (10.21) beschrieben wird. Die komplexe Schreibweise ist oft (z. B. beim Differenzieren) bequemer als die reelle; sie ist problemlos, solange nur lineare Operationen durchgeführt werden.

Bei der Berechnung physikalischer Größen wie etwa der Energiestromdichte (s. u.) treten Produkte von Vektorfeldern auf. Zeitliche Mittelwerte solcher Produkte kann man in komplexer Schreibweise wie folgt berechnen: Für zwei Vektorfelder (gleicher Frequenz)

$$\mathbf{a}(\mathbf{r}, t) = \mathbf{a}_0(\mathbf{r}) \exp(-i\omega t); \quad \mathbf{b}(\mathbf{r}, t) = \mathbf{b}_0(\mathbf{r}) \exp(-i\omega t) \tag{10.24}$$

gilt für den zeitlichen Mittelwert des Produktes (mit $\tau = 2\pi/\omega$)

$$\frac{1}{\tau} \int_0^\tau dt\, \Re\mathbf{a}(t) \cdot \Re\mathbf{b}(t) =: \overline{(\Re\mathbf{a}) \cdot (\Re\mathbf{b})} = \frac{1}{2}\Re(\mathbf{a} \cdot \mathbf{b}^*), \tag{10.25}$$

denn in

$$(\Re\mathbf{a}) \cdot (\Re\mathbf{b}) = \frac{1}{4}(\mathbf{a}_0 \exp(-i\omega t) + \mathbf{a}_0^* \exp(i\omega t)) \cdot (\mathbf{b}_0 \exp(-i\omega t) + \mathbf{b}_0^* \exp(i\omega t)) \tag{10.26}$$

$$= \frac{1}{4}(\mathbf{a}_0 \cdot \mathbf{b}_0 \exp(-2i\omega t) + \mathbf{a}_0^* \cdot \mathbf{b}_0^* \exp(2i\omega t) + \mathbf{a}_0 \cdot \mathbf{b}_0^* + \mathbf{a}_0^* \cdot \mathbf{b}_0)$$

verschwinden die gemischten Terme mit den Zeitfaktoren $\exp(\pm 2i\omega t)$ nach Zeitmittelung, d. h.

$$\frac{1}{\tau} \int_0^\tau dt\, \exp(\pm 2i\omega t) = \frac{1}{\pm 2i\omega\tau} \exp(\pm 2i\omega t)\big|_0^\tau = \frac{1}{\pm 4\pi i}(\exp(\pm 4i\pi) - 1) = 0 \tag{10.27}$$

und es bleibt

$$\overline{(\Re\mathbf{a}) \cdot (\Re\mathbf{b})} = \frac{1}{4}(\mathbf{a} \cdot \mathbf{b}^* + \mathbf{a}^* \cdot \mathbf{b}) = \frac{1}{2}(\Re\mathbf{a} \cdot \Re\mathbf{b} + \Im\mathbf{a} \cdot \Im\mathbf{b}) = \frac{1}{2}\Re(\mathbf{a} \cdot \mathbf{b}^*). \tag{10.28}$$

**Terminologie**   Der Betrag $k$ des **Wellenvektors k** heißt **Wellenzahl** und ist über

$$\lambda = \frac{2\pi}{k} \tag{10.29}$$

mit der **Wellenlänge** $\lambda$ verknüpft. Mit (10.23) folgt

$$\tau = \frac{2\pi}{\omega} \tag{10.30}$$

für den Zusammenhang der **Kreisfrequenz** $\omega$ mit der **Schwingungsdauer** $\tau$. Anstelle von $\omega$ wird auch oft die **Frequenz** $\nu = \omega/(2\pi)$ benutzt. Anhand von (10.21) sieht man, daß $\tau$ die zeitliche Periodizität der Welle bei festgehaltenem Ort $\mathbf{r}$ beschreibt,

$$\exp(i\omega(t + \tau)) = \exp(i\omega t + 2\pi i) = \exp(i\omega t); \tag{10.31}$$

analog gibt $\lambda$ die räumliche Periodizität an:

$$\exp(ik(z + \lambda)) = \exp(ikz + 2\pi i) = \exp(ikz) \tag{10.32}$$

für eine Welle in $z$-Richtung zu fester Zeit $t$. Die Größe

$$\phi(\mathbf{r}, t) = \mathbf{k} \cdot \mathbf{r} - \omega t \tag{10.33}$$

nennt man die **Phase** der Welle. Unter der **Phasengeschwindigkeit** $v_{ph}$ versteht man die Geschwindigkeit, mit der sich ein Wellenpunkt mit vorgegebener fester Phase bewegt. Um $v_{ph}$ zu bestimmen, betrachten wir wieder eine ebene Welle in $z$-Richtung und bilden das totale Differential von $\phi(z, t)$:

$$d\phi(z, t) = \frac{\partial \phi}{\partial z} dz + \frac{\partial \phi}{\partial t} dt = kdz - \omega dt. \tag{10.34}$$

Für $\phi = $ const. folgt dann:

$$v_{ph} = \frac{dz}{dt} = \frac{\omega}{k} = c; \tag{10.35}$$

die Phasengeschwindigkeit ist also gleich der Lichtgeschwindigkeit $c$.

**Bemerkung** Streng genommen ist eine ebene Welle senkrecht zur Ausbreitungsrichtung unendlich ausgedehnt; jede praktisch realisierbare Welle dagegen begrenzt. Die ebene Welle ist jedoch eine sinnvolle Approximation, wenn die Ausdehnung der realen Welle senkrecht zur Ausbreitungsrichtung groß ist im Vergleich zu irgendwelchen **Hindernissen** (z. B. Spalten), durch die sie **gestört** werden kann.

Für monochromatische ebene Wellen gehen die Beziehungen

$$\mathbf{B} = \nabla \times \mathbf{A}; \quad \mathbf{E} = -\frac{\partial \mathbf{A}}{\partial t}, \tag{10.36}$$

in der komplexen Darstellung über in

$$\mathbf{B} = i(\mathbf{k} \times \mathbf{A}); \quad \mathbf{E} = i\omega\mathbf{A}. \tag{10.37}$$

Mit (10.37) und (10.25) lassen sich Energie und Impuls der Welle leicht ausrechnen: Für den zeitlichen Mittelwert

$$\overline{\omega_F} = \frac{1}{\tau} \int_0^\tau \omega_F \, dt \tag{10.38}$$

der Energiedichte (reelle Darstellung)

$$\overline{\omega_F} = \frac{\epsilon_0}{2} E^2 + \frac{1}{2\mu_0} B^2 \tag{10.39}$$

erhält man (mit $\mathbf{A} \cdot \mathbf{k} = 0$):

$$\overline{\omega_F} = \frac{\epsilon_0}{4}\Re(\omega^2 \mathbf{A} \cdot \mathbf{A}^* + c^2 k^2 \mathbf{A} \cdot \mathbf{A}^*) = \frac{\epsilon_0}{2}\omega^2 |\mathbf{A}_0|^2 = \frac{\epsilon_0}{2}|\mathbf{E}_0|^2. \tag{10.40}$$

Entsprechend für die Energiestromdichte (9.14)

$$\overline{\mathbf{S}} = \frac{\omega}{2\mu_0}|\mathbf{A}_0|^2 \, \mathbf{k} = \frac{\epsilon_0 c}{2}|\mathbf{E}_0|^2 \, \mathbf{q} \tag{10.41}$$

und direkt über (9.30) für die Impulsdichte

$$\overline{\vec{\pi}}_F = \frac{\epsilon_0}{2c}|\mathbf{E}_0|^2 \, \mathbf{q} = \frac{1}{c^2}\overline{\mathbf{S}}. \tag{10.42}$$

Vergleicht man (10.40) mit (10.42), so findet man, daß die Energie mit der Geschwindigkeit $c$ transportiert wird. Im Gegensatz zu $\omega_F$, $\mathbf{S}$ und $\vec{\pi}_F$ ist der zeitliche Mittelwert der Drehimpulsdichte, Gl. (9.39), ortsabhängig und zur Charakterisierung einer ebenen Welle ungeeignet. Der Drehimpuls des Feldes hat jedoch Bedeutung für sphärische Wellen, wo er eine analoge Rolle spielt wie der Impuls für die ebene Welle.

## 10.4  Polarisation

Wegen der Transversalität und der Orthogonalität von $\mathbf{E}$ und $\mathbf{B}$ können wir eine monochromatische ebene Welle der Form (10.21) beschreiben durch:

$$\mathbf{E} = \mathbf{e}_1 E_0 \exp(i(\mathbf{k} \cdot \mathbf{r} - \omega t)); \quad \mathbf{B} = \mathbf{e}_2 B_0 \exp(i(\mathbf{k} \cdot \mathbf{r} - \omega t)) \tag{10.43}$$

mit

$$\mathbf{e}_i \cdot \mathbf{e}_j = \delta_{ij}; \quad \mathbf{e}_i \cdot \mathbf{k} = 0. \tag{10.44}$$

Eine solche Welle nennt man **linear polarisiert.** Eine zu (10.43) **gleichberechtigte,** linear unabhängige ebene Welle zu gleichem Wellenvektor $\mathbf{k}$ erhält man, indem man $\mathbf{E}$ in $\mathbf{e}_2$-Richtung und $\mathbf{B}$ in $\mathbf{e}_1$-Richtung wählt. Der allgemeine Polarisationszustand einer monochromatischen ebenen Welle ergibt sich dann nach dem Superpositionsprinzip, z. B. für das elektrische Feld:

$$\mathbf{E} = (\mathbf{e}_1 E_1 + \mathbf{e}_2 E_2) \exp(i(\mathbf{k} \cdot \mathbf{r} - \omega t)) \tag{10.45}$$

mit $E_l$ ($l = 1,2$) als beliebigen komplexen Zahlen $E_l = |E_l| \exp(i\phi_l)$. Gl. (10.45) beschreibt alle möglichen Polarisationszustände:

1. **Lineare Polarisation** liegt vor, wenn

$$\phi_1 = \phi_2. \tag{10.46}$$

Richtung und Betrag von $\mathbf{E}$ sind dann gegeben durch (siehe Abb. 10.1)

$$\theta = \arctan\left(\frac{E_2}{E_1}\right); \quad E = \sqrt{E_1^2 + E_2^2} \tag{10.47}$$

2. **Zirkuläre Polarisation** (siehe Abb. 10.2)

liegt vor, wenn:

$$E_1 = E_2; \quad \phi_1 - \phi_2 = \pm\frac{\pi}{2}; \tag{10.48}$$

dann wird (mit $\exp(\pm i\pi/2) = \pm i$)

$$\mathbf{E} = E_0(\mathbf{e}_1 \pm i\mathbf{e}_2) \exp(i(\mathbf{k} \cdot \mathbf{r} - \omega t)), \tag{10.49}$$

**Abb. 10.1** Beispiel für eine linear polarisierte Welle

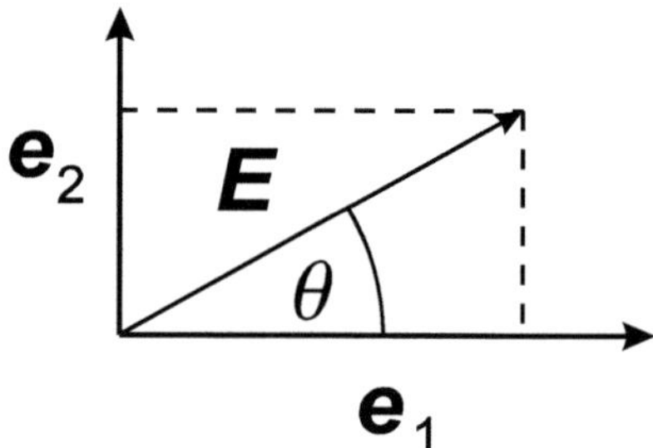

**Abb. 10.2** Beispiel für eine
zirkular polarisierte Welle

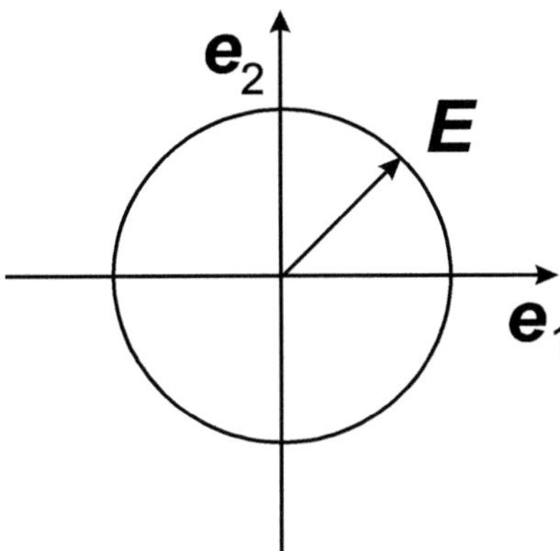


oder in reeller Darstellung

$$E_x = E_0 \cos(kz - \omega t); \quad E_y = \mp E_0 \sin(kz - \omega t), \tag{10.50}$$

wenn $\mathbf{k}$ in $z$-Richtung zeigt. Der Drehsinn ist durch die Wahl des Vorzeichens in (10.49) festgelegt; man erhält links- bzw. rechts-zirkulare Polarisation, d. h. $\mathbf{E}-$ und $\mathbf{B}-$ Feld rotieren um die $z$-Achse in Raum und Zeit.

3. **Elliptische Polarisation** tritt auf für

$$E_1 \neq E_2; \quad \phi_1 - \phi_2 \neq 0. \tag{10.51}$$

Das Feld $\mathbf{E}$ beschreibt dann für festes $z$ eine Ellipsenbahn, deren Lage relativ zu $\mathbf{e}_1$ durch $\phi_1 - \phi_2$ und deren Hauptachsenverhältnis durch $E_1/E_2$ bestimmt ist.

Zusammenfassend bieten die monochromatischen ebenen Wellen (10.21) eine geeignete Grundlage für die Konstruktion von Wellenpaketen im Vakuum durch Superposition. Diese Wellenpakete sind zur Übertragung von Information (Texte, Bilder, Tonaufnahmen, Filme etc.) geeignet.

# Wellenpakete im Vakuum

## Inhaltsverzeichnis



Eine wichtige Anwendung der elektromagnetischen Strahlung ist die Übertragung von Informationen. Monochromatische ebene Wellen sind für diese Aufgabe nicht geeignet, da sie praktisch keine Information außer ihrer Periode ($\omega$) enthalten. Man kann jedoch monochromatische ebene Wellen **modulieren** und so Informationen übertragen. Eine solche Überlagerung von ebenen Wellen wird mit Hilfe von **Fourierreihen** oder **Fourierintegralen** (im Kontinuum) beschrieben. In diesem Kapitel werden wir solche Fourierreihen einführen, ihre Eigenschaften analysieren und die allgemeine Lösung der homogenen Wellengleichung aufstellen.

## 11.1 Informationsübertragung durch elektromagnetische Wellen

Im einfachsten Fall bildet man eine Überlagerung aus 2 monochromatischen Wellen:

$$f(t) = f_0 \cos(\omega_1 t) + f_0 \cos(\omega_2 t) \tag{11.1}$$

beschreibe die Welle an einem festen Ort. Fie Funktion (11.1) kann als **amplitudenmodulierte Schwingung** dargestellt werden:

$$f(t) = 2 f_0 \cos(\omega_m t) \cos(\omega_0 t) = 2 f_0 (\cos((\omega_1 - \omega_2)/2) \cos((\omega_1 + \omega_2)/2)) \tag{11.2}$$




W. Cassing, *Theoretische Physik kompakt II*,
https://doi.org/10.1007/978-3-031-96471-8_11

**Abb. 11.1** Überlagerung zweier Frequenzen mit $\omega_1 \approx \omega_2$

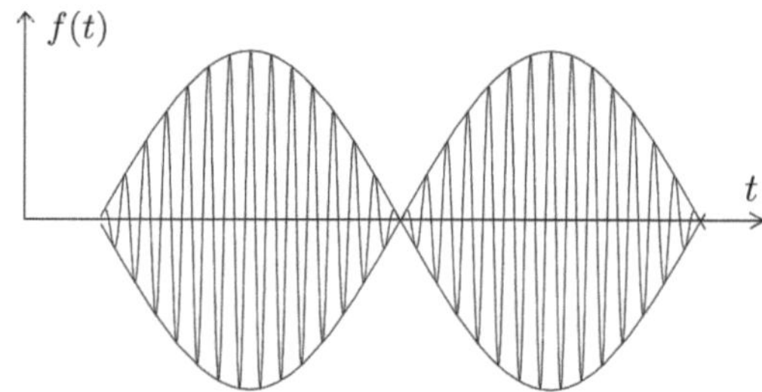


$$= f_0(\cos(\omega_0 + \omega_m) + \cos(\omega_0 - \omega_m))$$

mit

$$\omega_m = \frac{\omega_1 - \omega_2}{2}; \qquad \omega_0 = \frac{\omega_1 + \omega_2}{2}; \qquad \omega_1 = \omega_0 + \omega_m; \qquad \omega_2 = \omega_0 - \omega_m. \qquad (11.3)$$

Wenn $\omega_1 \approx \omega_2$ gewählt wird, dann ist (11.2) eine fast harmonische Schwingung der Frequenz $\omega_0$ (**Trägerfrequenz**), deren Amplitude sich mit der **Modulationsfrequenz** $\omega_m$ ändert. Man erhält das Bild einer **Schwebung** (siehe Abb. 11.1).

Kompliziertere Schwingungsformen und damit mehr Möglichkeiten zur Informationsübertragung ergeben sich durch **Überlagerung** mehrerer Schwingungen verschiedener Frequenzen.

## 11.2 Fourier-Reihen und Fourier-Integrale

Ausgehend von einer **Grundfrequenz** $\omega = 2\pi/T$ bildet man

$$f(t) = \sum_{n=-\infty}^{\infty} f_n \exp(-i\omega_n t); \qquad \omega_n = n\omega. \qquad (11.4)$$

Die **Fourier-Reihe** (11.4) konvergiert gleichmäßig (und damit auch punktweise), wenn $f(t)$ periodisch mit der Periode $T$ und stückweise glatt ist. Die (schwächere) Forderung der Konvergenz im quadratischen Mittel ist erfüllt für periodische, im Intervall $[0, T]$ stetige Funktionen $f(t)$.

Die **Fourier-Koeffizienten** $f_n$ lassen sich bei gegebener Funktion $f(t)$, welche obigen Voraussetzungen genügt, wie folgt berechnen:

$$f_n = \frac{1}{T} \int_{-T/2}^{T/2} f(t)\exp(i\omega_n t)\,dt. \tag{11.5}$$

**Beweis** Mit

$$\frac{1}{T} \int_{-T/2}^{T/2} \exp(i\omega(m-n)t)\,dt = \delta_{mn} \tag{11.6}$$

wird:

$$\frac{1}{T} \int_{-T/2}^{T/2} f(t)\exp(i\omega_m t)\,dt = \sum_n f_n\delta_{mn} = f_m. \tag{11.7}$$

Als Beispiel für Fourier-Reihen betrachten wir die periodische ‚Dreiecks-Funktion'

$$f(x) = 1 + \frac{2\epsilon}{\pi}x \tag{11.8}$$

im Interval $[-\pi, \pi]$ mit $\epsilon = 1$ für $x < 0$ und $\epsilon = -1$ für $x \geq 0$. Die entsprechende Fourier-Reihe lautet mit (11.4) (in reeller Darstellung):

$$f(x) = \lim_{N\to\infty} \frac{8}{\pi^2} \sum_{n=0}^{N} \frac{1}{(2n+1)^2} \cos((2n+1)x). \tag{11.9}$$

Die Approximation der Funktion $f(x)$ durch (11.9) ist in Abb. 11.2 für den Fall $N = 1$ illustriert sowie für $N = 3$, d. h. es werden nur die vier ersten Schwingungsmoden berücksichtigt. Man erkennt jedoch aus der Abb. 11.2, daß selbst für $N = 3$ bereits eine brauchbare Näherung entsteht.

Nicht-periodische Funktionen lassen sich (unter sehr schwachen Voraussetzungen, s. u.) durch **Fourier-Integrale** darstellen, die sich aus (11.4) im Limes $T \to \infty$ ergeben.

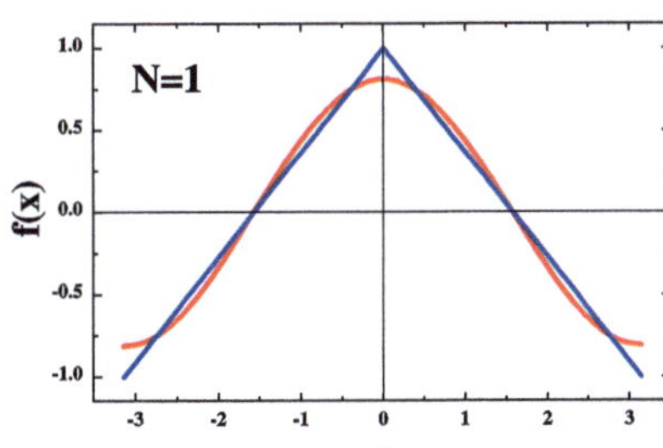
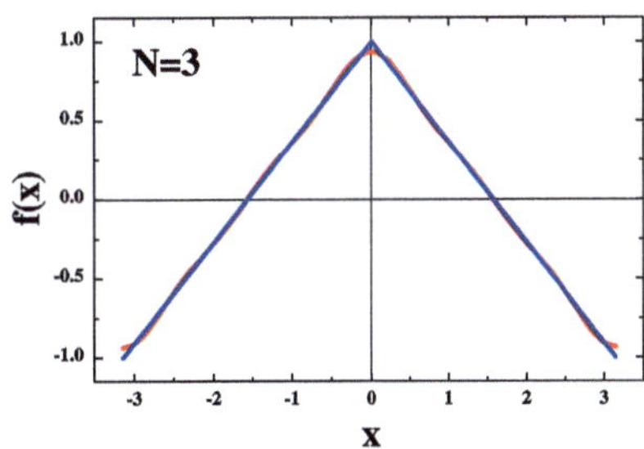

**Abb. 11.2** Illustration der Fourier-Reihe (11.9) für $N = 1$ und $N = 3$

Führt man den Abstand $\Delta\omega = 2\pi/T$ benachbarter Frequenzen $\omega_n$ ein und definiert man

$$\tilde{f}(\omega_i) = \lim_{T\to\infty}\left(\frac{T}{2\pi}f_i\right), \tag{11.10}$$

so kann man

$$f(t) = \sum_{n=-\infty}^{\infty} \tilde{f}(\omega_n)\exp(-i\omega_n t)\,\Delta\omega \tag{11.11}$$

als **Riemann-Summe** des **Fourier-Integrals**

$$f(t) = \int_{-\infty}^{\infty} \tilde{f}(\omega)\exp(-i\omega t)\,d\omega \tag{11.12}$$

auffassen. Für die Umkehrung von (11.12) zeigt der Vergleich von (11.5) und (11.10):

$$\tilde{f}(\omega) = \frac{1}{2\pi}\int_{-\infty}^{\infty} f(t)\exp(i\omega t)\,dt. \tag{11.13}$$

$\tilde{f}(\omega)$ heißt die **Fourier-Transformierte** zu $f(t)$. Sie existiert und (11.12) **konvergiert im quadratischen Mittel** für alle quadratintegrablen Funktionen $f(t)$, für die

$$\int_{-\infty}^{\infty} |f(t)|^2\,dt < \infty; \tag{11.14}$$

$\tilde{f}(\omega)$ ist dann auch quadratintegrabel.

**Beispiel** Rechteckimpuls

$$f(t) = 1 \quad \text{für} \quad -\frac{\tau}{2} \le t \le \frac{\tau}{2}; \quad f(t) = 0 \quad \text{sonst.} \tag{11.15}$$

Dann wird

$$\tilde{f}(\omega) = \frac{1}{2\pi}\int_{-\tau/2}^{\tau/2} \exp(i\omega t)\,dt = \frac{1}{\pi\omega}\frac{\exp(i\omega t)}{2i}\Big|_{-\tau/2}^{\tau/2} = \frac{\sin(\omega\tau/2)}{\pi\omega}. \tag{11.16}$$

Die Breite $\Delta\omega$ von $\tilde{f}(\omega)$ schätzt man aus Abb. 11.3 (aus dem Abstand der 1. Nullstellen) ab zu:

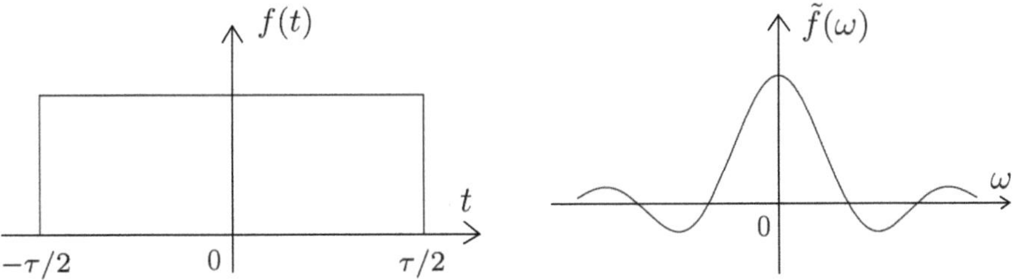

**Abb. 11.3** Rechteckimpluls $f(t)$ (links) and die Fourier-Transformierte $\tilde{f}(\omega)$ (rechts)

$$\Delta\omega \approx \frac{2\pi}{\tau} \quad \text{oder} \quad \Delta\omega\Delta t \approx 2\pi \ \text{bzw.} \ \Delta\nu\Delta t \approx 1. \tag{11.17}$$

Je schmaler (breiter) das Signal $f(t)$ werden soll, desto breiter (schmaler) ist das Frequenz-spektrum, das man benötigt. Diese **Unschärferelation** ist nicht an das Beispiel (11.15) gebunden, sondern ist ein charakteristisches Merkmal der Fourier-Transformation (siehe Quantenmechanik).

**Bemerkung**  Oft wird die Fourier-Transformation in der symmetrischen Form

$$f(t) = \frac{1}{\sqrt{2\pi}} \int_{-\infty}^{\infty} \tilde{f}(\omega) \exp(-i\omega t)\, d\omega \tag{11.18}$$

mit

$$\tilde{f}(\omega) = \frac{1}{\sqrt{2\pi}} \int_{-\infty}^{\infty} f(t) \exp(i\omega t)\, dt \tag{11.19}$$

benutzt.

Das oben skizzierte Verfahren der Fourier-Transformation wenden wir nun an auf die

## 11.3  Spektrale Zerlegung ebener Wellen

Die Fourier-Reihe einer periodischen Funktion $f(\mathbf{q} \cdot \mathbf{r} - ct) = f(\xi)$, welche eine ebene Welle darstellt, lautet:

$$f(\xi) = \sum_{n=-\infty}^{\infty} f_n \exp(i\omega_n \xi / c) \tag{11.20}$$

mit

$$\xi = \mathbf{q} \cdot \mathbf{r} - ct, \qquad \omega_n = n\omega \tag{11.21}$$

und die Fourier-Koeffizienten sind gegeben durch:

$$f_n = \frac{\omega}{2\pi c} \int_{-\pi c/\omega}^{\pi c/\omega} f(\xi) \exp(-i\omega_n \xi/c)\, d\xi. \tag{11.22}$$

Für aperiodische ebene Wellen benutzt man das Fourier-Integral:

$$f(\xi) = \int_{-\infty}^{\infty} \tilde{f}(\omega) \exp(i\omega\xi/c)\, d\omega \tag{11.23}$$

mit der Umkehrung

$$\tilde{f}(\omega) = \frac{1}{2\pi} \int_{-\infty}^{\infty} f(\xi) \exp(-i\omega\xi/c)\, d\xi/c. \tag{11.24}$$

Die räumliche bzw. zeitliche Ausdehnung der Welle ist dann bestimmt durch:

$$\Delta\xi\,\Delta\omega \approx 2\pi c, \tag{11.25}$$

d. h.

$$\Delta t\,\Delta\omega \approx 2\pi \tag{11.26}$$

für einen festen Ort $\mathbf{r}$ und zu fester Zeit $t$:

$$\Delta z\,\Delta k \approx 2\pi, \tag{11.27}$$

falls die Welle in $z$-Richtung läuft.


**Bemerkung**  Wichtig im Hinblick auf Informationsübertragung ist die Eigenschaft ebener Wellenpakete der Form (11.23), daß sie ihre Form beibehalten und nicht **zerfließen** (siehe Quantenmechanik):

$$f(\mathbf{r},0) = f(\mathbf{r} + \mathbf{q}ct, t), \tag{11.28}$$

da $f$ nur vom Argument $\xi$ (11.21) abhängt. Diese Eigenschaft gilt nicht mehr für die Ausbreitung elektromagnetischer Wellen in Materie (siehe Teil V)!


## 11.4  $\delta$-Distribution

Die Fourier-Transformation (11.12), (11.13) führt auf das folgende mathematische Problem: Setzt man (11.13) in (11.12) ein, so muß (nach Vertauschung der Integrationsreihenfolge)

$$f(t) = \frac{1}{2\pi} \int_{-\infty}^{\infty} \int_{-\infty}^{\infty} f(t') \exp(-i\omega(t - t'))\, d\omega dt' = \int_{-\infty}^{\infty} f(t')\delta(t - t')\, dt' \tag{11.29}$$

mit

$$\delta(t - t') = \frac{1}{2\pi} \int_{-\infty}^{\infty} \exp(-i\omega(t - t'))\, d\omega \tag{11.30}$$

für beliebige quadratintegrable Funktionen $f(t)$ gelten. Die hier eingeführte Größe $\delta(t - t')$ ist offensichtlich keine gewöhnliche Funktion, sondern eine **Distribution,** welche streng genommen nicht für sich alleine stehen darf, sondern **nur in Verbindung mit der Integration** in (11.29) erklärt ist.

Die $\delta$-Distribution, als deren Definition wir im Folgenden (11.29) betrachten wollen, kann durch jede Folge stetiger Funktionen $\delta_n$, für die

$$\lim_{n \to \infty} \int_{-\infty}^{\infty} f(t')\, \delta_n(t - t')\, dt' = f(t) \tag{11.31}$$

gilt, dargestellt werden.

**Beispiele**

1. Rechteck

$$\delta_n(t) = n \quad \text{für} \quad |t| < \frac{1}{2n}; \quad \delta_n(t) = 0 \quad \text{sonst.} \tag{11.32}$$

2. Gauß-Funktion (Glockenkurve)

$$\delta_n(t) = n \exp(-\pi t^2 n^2). \tag{11.33}$$

3. Die Darstellung

$$\delta_n(t) = \frac{1}{\pi} \frac{\sin(nt)}{t} = \frac{1}{2\pi} \int_{-n}^{n} \exp(i\omega t)\, d\omega = \frac{1}{2it\pi} (\exp(int) - \exp(-int)) \tag{11.34}$$

führt gerade auf die Schreibweise (11.30).

**Vorsicht**  Die Gl. (11.31)–(11.34) sind so zu verstehen, daß die $t'$-Integration **vor** der Limes-Bildung $n \to \infty$ auszuführen ist!

**Rechenregeln**

1.) $\delta(t) = \delta(-t)$

2.) $\delta(at) = \frac{1}{|a|}\delta(t)$

3.) $\delta(t^2 - a^2) = \frac{1}{2|a|}(\delta(t + a) + \delta(t - a)); \qquad a \neq 0$ .

4.) $\delta(f(t)) = \sum_k \frac{1}{|f'(t_k)|}\delta(t - t_k)$,

wobei die $t_k$ alle (einfachen) Nullstellen von $f(t)$ bezeichnen, d. h. $f(t_k) = 0$.

## 11.5   Allgemeine Lösung der homogenen Wellengleichung

Die in Abschn. 11.3 untersuchten ebenen Wellen sind zwar zeitlich und räumlich in ihrer
Ausbreitungsrichtung begrenzt, nicht jedoch in der Ebene senkrecht dazu. Sie stellen keine
praktisch realisierbaren Signale zur Informationsübertragung dar, da ihre Erzeugung wegen
der unendlichen flächenhaften Ausdehnung eine unendlich große Energie erfordern würde.
Signale endlicher Energie erhält man nur für raum-zeitlich begrenzte Felder (**Wellenpakete**),
die wir aus monochromatischen ebenen Wellen durch Superposition aufbauen können. Aus-
gehend von den beiden Basislösungen $\exp(i(\mathbf{k} \cdot \mathbf{r} \mp \omega t)$ zu festem $\mathbf{k}$ bilden wir z. B. für das
Vektorpotential (in der Erweiterung der Fourier-Transformation auf 3 Dimensionen)

$$\mathbf{A}(\mathbf{r}, t) = \frac{1}{2(2\pi)^{3/2}} \int d^3k \, [\mathbf{A}_+(\mathbf{k}) \exp(i(\mathbf{k} \cdot \mathbf{r} - \omega t)) + \mathbf{A}_-(\mathbf{k}) \exp(i(\mathbf{k} \cdot \mathbf{r} + \omega t))].$$

$$(11.35)$$

Wegen (10.23) erfaßt (11.35) alle möglichen $\omega$-Werte. Um zu einer reellen Funktion $\mathbf{A}(\mathbf{r}, t)$
zu gelangen, ersetzen wir im 2. Term in (11.35) $\mathbf{k}$ durch $-\mathbf{k}$:

$$\mathbf{A}(\mathbf{r}, t) = \frac{1}{2(2\pi)^{3/2}} \int d^3k \, [\mathbf{A}_+(\mathbf{k}) \exp(i(\mathbf{k} \cdot \mathbf{r} - \omega t)) + \mathbf{A}_-(-\mathbf{k}) \exp(-i(\mathbf{k} \cdot \mathbf{r} - \omega t))].$$

$$(11.36)$$

$\mathbf{A}(\mathbf{r}, t)$ wird rell, wenn $(2\Re z = z + z^*)$

$$\mathbf{A}_+(\mathbf{k}) = \mathbf{A}_-^*(-\mathbf{k}) = \mathbf{A}(\mathbf{k}), \qquad\qquad (11.37)$$

also

$$A(\mathbf{r}, t) = \frac{1}{2(2\pi)^{3/2}} \int d^3k \, [A(\mathbf{k}) \exp(i(\mathbf{k} \cdot \mathbf{r} - \omega t)) + A^*(\mathbf{k}) \exp(-i(\mathbf{k} \cdot \mathbf{r} - \omega t))].$$

$$(11.38)$$

Damit haben wir die **allgemeine Lösung** der homogenen Wellengleichung (10.7) gewonnen. Dabei verlangt die Coulomb-Eichung

$$\mathbf{k} \cdot A(\mathbf{k}) = 0. \qquad (11.39)$$

Wichtig für den Aufbau der Quantenmechanik, welche das elektromagnetische Feld durch **Photonen** beschreibt, ist die Eigenschaft, daß Energie, Impuls und Drehimpuls des Feldes sich additiv aus den Beiträgen der monochromatischen ebenen Wellen zusammensetzen.

Wir demonstrieren dies für den Fall der Energie. Dazu schreiben wir (11.38) noch einmal um,

$$A(\mathbf{r}, t) = \frac{1}{2(2\pi)^{3/2}} \int d^3k \, [A(\mathbf{k}, t) + A^*(-\mathbf{k}, t)] \, \exp(i\mathbf{k} \cdot \mathbf{r}) \qquad (11.40)$$

mit den Abkürzungen

$$A(\mathbf{k}, t) = A(\mathbf{k}) \exp(-i\omega t); \qquad A^*(-\mathbf{k}, t) = A^*(-\mathbf{k}) \exp(i\omega t). \qquad (11.41)$$

Dann wird nach (9.10) die Energie des elektromagnetischen Feldes

$$W = \int \omega_F(\mathbf{r}) \, d^3r = \int \left[ \frac{\epsilon_0}{2} \left( \frac{\partial A}{\partial t} \right)^2 + \frac{1}{2\mu_0} (\nabla \times A)^2 \right] d^3r \qquad (11.42)$$

$$= \frac{1}{4(2\pi)^3} \int d^3r \int d^3k \int d^3k' \left[ \frac{\epsilon_0}{2} (-i\omega A(\mathbf{k}, t) + i\omega A^*(-\mathbf{k}, t))(-i\omega' A(\mathbf{k}', t)) + i\omega' A^*(-\mathbf{k}', t)) \right.$$

$$\left. + \frac{1}{2\mu_0} (i\mathbf{k} \times A(\mathbf{k}, t) + i\mathbf{k} \times A^*(-\mathbf{k}, t))(i\mathbf{k}' \times A(\mathbf{k}', t)) + i\mathbf{k}' \times A^*(-\mathbf{k}', t)) \right] \exp(i(\mathbf{k} + \mathbf{k}') \cdot \mathbf{r}),$$

wobei [....] noch von $\mathbf{k}$ und $\mathbf{k}'$ abhängt. Nach Ausführen der Integration $\int d^3r$ erhalten wir wegen

$$\frac{1}{(2\pi)^3} \int d^3r \, \exp(i(\mathbf{k} + \mathbf{k}') \cdot \mathbf{r}) = \delta^3(\mathbf{k} + \mathbf{k}') \qquad (11.43)$$

und $\delta^3(\mathbf{k}) = \delta(k_x)\delta(k_y)\delta(k_z)$ nur Beiträge für $\mathbf{k} = -\mathbf{k}'$ und damit $\omega = \omega'$:

$$W = \frac{1}{4} \int d^3k \left[ \frac{\epsilon_0}{2} \left( -i\omega \mathbf{A}(\mathbf{k}, t) + i\omega \mathbf{A}^*(-\mathbf{k}, t) \right) \left( -i\omega \mathbf{A}(-\mathbf{k}, t) \right) + i\omega \mathbf{A}^*(\mathbf{k}, t) \right)$$

$$+ \frac{1}{2\mu_0} \left( i\mathbf{k} \times \mathbf{A}(\mathbf{k}, t) + i\mathbf{k} \times \mathbf{A}^*(-\mathbf{k}, t) \right) \left( -i\mathbf{k} \times \mathbf{A}(-\mathbf{k}, t) \right) - i\mathbf{k} \times \mathbf{A}^*(\mathbf{k}, t) \right]$$

$$= \frac{\epsilon_0}{8} \int d^3k \, [(i\omega)^2 (\mathbf{A}(\mathbf{k}, t) - \mathbf{A}^*(-\mathbf{k}, t))(\mathbf{A}(-\mathbf{k}, t)) - \mathbf{A}^*(\mathbf{k}, t))$$

$$- (ikc)^2 (\mathbf{A}(\mathbf{k}, t) + \mathbf{A}^*(-\mathbf{k}, t))(\mathbf{A}(-\mathbf{k}, t)) + \mathbf{A}^*(\mathbf{k}, t))]$$

$$= \frac{\epsilon_0}{4} \int d^3k \, \omega^2 [\mathbf{A}(\mathbf{k}) \cdot \mathbf{A}^*(\mathbf{k}) + \mathbf{A}^*(-\mathbf{k}) \cdot \mathbf{A}(-\mathbf{k})] = \frac{\epsilon_0}{2} \int d^3k \, \omega^2 [\mathbf{A}(\mathbf{k}) \cdot \mathbf{A}^*(\mathbf{k})].$$

$$(11.44)$$

Dabei wurde benutzt

$$\frac{\partial}{\partial t} \mathbf{A}(\mathbf{k}, t) = -i\omega \mathbf{A}(\mathbf{k}, t) \tag{11.45}$$

und

$$\nabla \times \mathbf{A}(\mathbf{k}, t) \exp(i\mathbf{k} \cdot \mathbf{r}) = i (\mathbf{k} \times \mathbf{A}(\mathbf{k}, t)) \exp(i\mathbf{k} \cdot \mathbf{r}) \tag{11.46}$$

sowie $\mathbf{k} \cdot \mathbf{A}(\mathbf{k}) = 0$ (11.39) und $\epsilon_0 \mu_0 = c^{-2}$.

Zusammenfassung: Gl. (11.44) beschreibt die Feldenergie als Summe (Integral) der Einzelbeiträge (10.40) der beteiligten monochromatischen Wellen. Sie stellt zusammen mit den entsprechenden Gleichungen für Impuls und Drehimpuls die Grundlage für die Beschreibung des elektromagnetischen Feldes durch unabhängige Teilchen (**Photonen**) dar (siehe Quantenelektrodynamik). Die Energie $W$ ist selbst zeitunabhängig in Einklang mit der Energieerhaltung.

# Lösungen der inhomogenen Wellengleichungen 12

## Inhaltsverzeichnis



Während wir im vorherigen Kapitel die allgemeine Lösung der homogenen Wellengleichung hergeleitet haben, zielen wir nun darauf ab die inhomogene Wellengleichung für beliebige Quellen $\rho(\mathbf{r}; t)$ und $\mathbf{j}(\mathbf{r}; t)$ zu lösen. Zu diesem Zweck werden wir die Methode der Green'schen Funktionen verwenden, die zu retardierten Potentialen führen wird. Letztere werden verwenden um die elektromagnetische Strahlung von bewegten Punktladungen zu berechnen.

## 12.1 Problemstellung

Bei Anwesenheit von Ladungen haben wir die inhomogenen Gleichungen (vgl. (8.13), (8.14))

$$\Box\mathbf{A} = \Delta\mathbf{A} - \frac{1}{c^2}\frac{\partial^2}{\partial t^2}\mathbf{A} = -\mu_0\mathbf{j}, \tag{12.1}$$

$$\Box\Phi = \Delta\Phi - \frac{1}{c^2}\frac{\partial^2}{\partial t^2}\Phi = -\frac{\rho}{\epsilon_0} \tag{12.2}$$

mit der Nebenbedingung (Lorentz-Konvention)


© Der/die Autor(en), exklusiv lizenziert an Springer Nature Switzerland AG 2025
W. Cassing, *Theoretische Physik kompakt II*,
https://doi.org/10.1007/978-3-031-96471-8_12

$$\nabla \cdot \mathbf{A} + \frac{1}{c^2} \frac{\partial \Phi}{\partial t} = 0 \qquad (12.3)$$

zu lösen. Das Problem ist also die **Lösung einer inhomogenen Wellengleichung**

$$\Box \Psi(\mathbf{r}, t) = -\omega(\mathbf{r}, t), \qquad (12.4)$$

wobei $\Psi$ für $\Phi$ und die Komponenten $A_i$ und $\omega$ für $\rho/\epsilon_0$ und die Komponenten $\mu_0 j_i$ steht ($i = 1, 2, 3$). Die allgemeine Lösung von (12.4) setzt sich aus der (in Kap. 11 diskutierten) allgemeinen Lösung der homogenen Wellengleichung (10.9) und einer speziellen Lösung der inhomogenen Wellengleichung zusammen.

Zur Konstruktion einer speziellen Lösung von (12.4) benutzen wir die Methode der **Green'schen Funktionen** Mit der Definition der Green'schen Funktion:

$$\Box G(\mathbf{r},\mathbf{r}'; t, t') = -\delta^3(\mathbf{r} - \mathbf{r}')\, \delta(t - t') =: -\delta^4(x - x') \qquad (12.5)$$

(und dem Vierer-Vektor $x = (t, \mathbf{x})$) können wir als (formale) Lösung angeben:

$$\Psi(\mathbf{r}, t) = \int G(\mathbf{r},\mathbf{r}'; t, t')\, \omega(\mathbf{r}', t')\, d^3r' dt', \qquad (12.6)$$

wie man durch Einsetzen von (12.6) in (12.4) direkt bestätigt. Dabei wird ohne (die an sich nötigen) Skrupel die Reihenfolge von Integration bzgl. $\mathbf{r}', t'$ und Differentiation bzgl. $\mathbf{r}, t$ vertauscht. Zur

## 12.2 Konstruktion von $G(\mathbf{r}, \mathbf{r}'; t, t')$

notieren wir zunächst 2 fundamentale Eigenschaften von $G$:

$$G = G(\mathbf{r} - \mathbf{r}'; t - t') \qquad (12.7)$$

aufgrund der Invarianz von (12.5) gegen Raum- und Zeit-Translationen;

$$G(\mathbf{r} - \mathbf{r}'; t - t') = 0 \quad \text{für } t < t' \qquad (12.8)$$

wegen des Kausalitätsprinzips.

Wir betrachten als Vorübung den (schon bekannten) Fall statischer Felder, z. B. des elektrostatischen Feldes. Die Poisson-Gleichung

$$\Delta \Phi(\mathbf{r}) = -\frac{\rho(\mathbf{r})}{\epsilon_0} \qquad (12.9)$$

hat als (spezielle) Lösung

$$\Phi(\mathbf{r}) = \frac{1}{4\pi\epsilon_0} \int \frac{\rho(\mathbf{r}')}{|\mathbf{r} - \mathbf{r}'|}\, d^3 r', \qquad (12.10)$$

d. h. das Coulomb-Potential einer Ladungsverteilung $\rho(\mathbf{r})$. Gl. (12.10) können wir schreiben als

$$\Phi(\mathbf{r}) = \frac{1}{\epsilon_0} \int G(\mathbf{r},\mathbf{r}')\, \rho(\mathbf{r}')\, d^3 r' \qquad (12.11)$$

mit der Green'schen Funktion

$$G(\mathbf{r},\mathbf{r}') = \frac{1}{4\pi\,|\mathbf{r} - \mathbf{r}'|}, \qquad (12.12)$$

welche die Differentialgleichung

$$\Delta G(\mathbf{r},\mathbf{r}') = -\delta^3(\mathbf{r} - \mathbf{r}') \qquad (12.13)$$

erfüllt.

**Beweis**

i) $R \neq 0$, wobei

$$\mathbf{R} = \mathbf{r} - \mathbf{r}'. \qquad (12.14)$$

Dann wird:

$$\Delta\left(\frac{1}{R}\right) = \nabla\cdot\left(\nabla\frac{1}{R}\right) = -\nabla\cdot\left(\frac{\mathbf{R}}{R^3}\right) = -\frac{1}{R^3}\nabla\cdot\mathbf{R} + \frac{3}{R^4}\left(\mathbf{R}\cdot\frac{\mathbf{R}}{R}\right) = -\frac{3}{R^3} + \frac{3}{R^3} = 0, \quad \text{q.e.d.}$$

$$(12.15)$$

ii)  Wegen (12.15) kann man in einem Volumenintegral vom Typ

$$\int f(\mathbf{R})\Delta\left(\frac{1}{R}\right) d^3R \tag{12.16}$$

den Integrationsbereich auf eine kleine Kugel vom Radius $a$ mit Mittelpunkt bei $R = 0$ beschränken,

$$\int f(\mathbf{R})\Delta\left(\frac{1}{R}\right) d^3R = \lim_{a\to 0}\int_{\text{Kugel}(a)} f(\mathbf{R})\Delta\left(\frac{1}{R}\right) d^3R. \tag{12.17}$$

Ist $f(\mathbf{R})$ stetig um 0, so kann man $f(\mathbf{R}) \approx f(\mathbf{R} = 0)$ aus dem Integral herausziehen

$$\int f(\mathbf{R})\Delta\left(\frac{1}{R}\right) d^3R = \lim_{a\to 0} f(\mathbf{R} = 0)\int_{\text{Kugel}(a)} \Delta\left(\frac{1}{R}\right) d^3R, \tag{12.18}$$

und erhält nach dem Gauß'schen Satz:

$$\int_{\text{Kugel}(a)} \Delta\left(\frac{1}{R}\right) d^3R = \int_{\text{Kugel}(a)} \nabla\cdot\left(\nabla\left(\frac{1}{R}\right)\right) d^3R \tag{12.19}$$

$$= \int_{F(a)} \left(\nabla\left(\frac{1}{R}\right)\right)\cdot d\mathbf{f} = -\int_{F(a)} \frac{1}{R^2}R^2 d\Omega = -4\pi.$$

Also:

$$\int f(\mathbf{R})\,\Delta\left(\frac{1}{R}\right) d^3R = -4\pi f(0). \tag{12.20}$$

Da (12.5) die Wellengleichung für eine zeitlich und räumlich punktförmige Quelle darstellt, muß $G(\mathbf{r}-\mathbf{r}'; t-t')$ eine Kugelwelle darstellen, welche den Ort $\mathbf{r}$ zur Zeit $t = t' + |\mathbf{r}-\mathbf{r}'|/c$ erreicht, wenn die sie auslösende Störung zur Zeit $t'$ am Ort $\mathbf{r}'$ stattfindet. Wir machen also den Ansatz:

$$G(\mathbf{R},\tau) = \frac{g(\tau - R/c)}{R} = \frac{g(t - t' - |\mathbf{r}-\mathbf{r}'|/c)}{|\mathbf{r}-\mathbf{r}'|} \tag{12.21}$$

mit $\tau = t - t'$ und $R = |\mathbf{r}-\mathbf{r}'|$. Zur Bestimmung von $g$ setzen wir (12.21) in (12.5) ein und bilden:

$$\Delta G = g\Delta\left(\frac{1}{R}\right) + \frac{1}{R}\Delta g + 2\nabla\left(\frac{1}{R}\right)\cdot\nabla g = -4\pi g\,\delta(\mathbf{R}) + \frac{1}{R}\frac{\partial^2}{\partial R^2}g + \frac{2}{R^2}\frac{\partial}{\partial R}g - \frac{2}{R^2}\frac{\partial}{\partial R}g; \tag{12.22}$$

dabei wurde benutzt:

$$\Delta = \frac{\partial^2}{\partial R^2} + \frac{2}{R}\frac{\partial}{\partial R} + \frac{1}{R^2\sin\theta}\frac{\partial}{\partial\theta}\left(\sin\theta\frac{\partial}{\partial\theta}\right) + \frac{1}{R^2\sin^2\theta}\frac{\partial^2}{\partial\phi^2} \tag{12.23}$$

$$= \frac{\partial^2}{\partial R^2} + \frac{2}{R}\frac{\partial}{\partial R} + \quad \text{Winkelanteil}$$

und

$$\frac{\partial g}{\partial x} = \frac{\partial g}{\partial R} \cdot \frac{x}{R}, \quad \frac{\partial g}{\partial y} = \frac{\partial g}{\partial R} \cdot \frac{y}{R}, \quad \frac{\partial g}{\partial z} = \frac{\partial g}{\partial R} \cdot \frac{z}{R}. \tag{12.24}$$

Damit wird

$$\Box G = -4\pi g(\tau - R/c)\, \delta^3(\mathbf{R}), \tag{12.25}$$

da

$$\frac{1}{R}\left( \frac{\partial^2}{\partial R^2} - \frac{1}{c^2}\frac{\partial^2}{\partial \tau^2} \right) g(\tau - R/c) = 0 \tag{12.26}$$

für beliebige (differenzierbare) Funktionen $g(\tau - R/c)$. Der Vergleich mit (12.5) ergibt:

$$4\pi g(\tau - R/c) = \delta(\tau - R/c) \tag{12.27}$$

also:

$$G(\mathbf{r} - \mathbf{r}'; t - t') = \frac{\delta(t - t' - |\mathbf{r} - \mathbf{r}'|/c)}{4\pi|\mathbf{r} - \mathbf{r}'|} \quad \text{für } t > t' \tag{12.28}$$

$$G(\mathbf{r} - \mathbf{r}'; t - t') = 0 \quad \text{für } t < t'.$$

**Bemerkung**

Bei der Herleitung von (12.27) wurde die Differenzierbarkeit von $g(\tau - R/c)$ vorausgesetzt. Diese Voraussetzung ist in der Tat erfüllt, da die $\delta$-Distribution (beliebig oft) differenziert werden darf in dem Sinne daß :

$$\int f(x)\, \delta^{(n)}(x)\, dx = (-)^n \int f^{(n)}\, \delta(x)\, dx; \tag{12.29}$$

dabei ist vorausgesetzt, daß $f$ (beliebig oft) differenzierbar ist.

**Interpretation von G**

Die Inhomogenität in (12.5) stellt eine punktförmige Quelle dar, welche zur Zeit $t'$ am Ort $\mathbf{r}'$ für eine (infinitesimal) kurze Zeit angeschaltet wird. Die von dieser Quelle hervorgerufene Störung breitet sich als Kugelwelle mit der Geschwindigkeit $c$ aus. Es muß also gelten:

i) Die Kugelwelle $G(\mathbf{r} - \mathbf{r}'; t - t')$ muß für $t < t'$ nach dem Kausalitätsprinzip verschwinden.

ii) Sie muß am Ort $\mathbf{r}$ zur Zeit $t = t' + |\mathbf{r} - \mathbf{r}'|/c$ ankommen, da elektromagnetische Wellen sich mit der (endlichen) Lichtgeschwindigkeit $c$ im Vakuum ausbreiten.

iii) Da die Energie der Welle auf einer Kugeloberfläche verteilt ist, sollte $G$ asymptotisch wie $R^{-1}$ verschwinden.

Die **retardierte** Green'sche Funktion (12.28) erfüllt genau diese Forderungen. Gl. (12.6) zeigt, wie man die Potentiale $\mathbf{A}(\mathbf{r}, t)$, $\Phi(\mathbf{r}, t)$ zu gegebener Quellen-Verteilung $\rho(\mathbf{r}, t)$, $\mathbf{j}(\mathbf{r}, \mathbf{t})$ aus den Beiträgen für punktförmige Quellen aufbauen kann.

## 12.3  Retardierte Potentiale

Mit (12.6) und (12.28) lauten die (asymptotisch verschwindenden) Lösungen von (12.1) und (12.2) für lokalisierte Ladungs- und Strom-Verteilungen

$$\Phi(\mathbf{r}, t) = \frac{1}{4\pi\epsilon_0} \int \frac{\rho(\mathbf{r}', t')\, \delta(t - t' - |\mathbf{r} - \mathbf{r}'|/c)}{|\mathbf{r} - \mathbf{r}'|}\, d^3r'dt' \qquad (12.30)$$

und

$$\mathbf{A}(\mathbf{r}, t) = \frac{\mu_0}{4\pi} \int \frac{\mathbf{j}(\mathbf{r}', t')\, \delta(t - t' - |\mathbf{r} - \mathbf{r}'|/c)}{|\mathbf{r} - \mathbf{r}'|}\, d^3r'dt'. \qquad (12.31)$$

Die Lösungen (12.30) und (12.31) sind über (12.3) bzw. die Ladungserhaltung (7.3) miteinander verknüpft. Die Ausführung der Integrationen in (12.30) und (12.31) wollen wir an Hand von 2 praktisch wichtigen Spezialfällen untersuchen; dabei werden wir besonders auf die im Argument der $\delta$-Distribution enthaltende Retardierung achten.

Vernachlässigt man die Retardierung in (12.30) und (12.31),

$$\delta(t - t' - \frac{|\mathbf{r} - \mathbf{r}'|}{c}) \rightarrow \delta(t - t'), \qquad (12.32)$$

so erhält man **quasi-stationäre Felder:**

$$\Phi(\mathbf{r}, t) = \frac{1}{4\pi\epsilon_0} \int \frac{\rho(\mathbf{r}', t)}{|\mathbf{r} - \mathbf{r}'|} \, d^3 r', \tag{12.33}$$

$$\mathbf{A}(\mathbf{r}, t) = \frac{\mu_0}{4\pi} \int \frac{\mathbf{j}(\mathbf{r}', t)}{|\mathbf{r} - \mathbf{r}'|} \, d^3 r', \tag{12.34}$$

welche in der Theorie elektrischer Netzwerke und Maschinen auftreten. Die Näherung (12.32) ist gerechtfertigt, wenn $\rho(\mathbf{r}', t)$ und $\mathbf{j}(\mathbf{r}', t)$ sich während der Zeit, die eine elektromagnetische Welle braucht, um die Distanz $|\mathbf{r} - \mathbf{r}'|$ zurückzulegen, (praktisch) nicht ändert.

Wir betrachten nun

**Beispiel 1** zeitlich periodische Quellen-Verteilungen der Form

$$\rho(\mathbf{r}, t) = \rho(\mathbf{r}) \exp(-i\omega t); \qquad \mathbf{j}(\mathbf{r}, t) = \mathbf{j}(\mathbf{r}) \exp(-i\omega t). \tag{12.35}$$

Dann folgt aus (12.30), (12.31):

$$\Phi(\mathbf{r}, t) = \Phi(\mathbf{r}) \exp(-i\omega t); \qquad \mathbf{A}(\mathbf{r}, t) = \mathbf{A}(\mathbf{r}) \exp(-i\omega t) \tag{12.36}$$

mit $k = \omega/c$ und

$$\int dt' \, \exp(-i\omega t') \, \delta(t - t' - |\mathbf{r} - \mathbf{r}'|/c) = \exp(-i\omega t) \exp(i\omega|\mathbf{r} - \mathbf{r}'|/c)$$

$$\Phi(\mathbf{r}) = \frac{1}{4\pi\epsilon_0} \int \frac{\rho(\mathbf{r}') \exp(ik|\mathbf{r} - \mathbf{r}'|)}{|\mathbf{r} - \mathbf{r}'|} \, d^3 r', \tag{12.37}$$

$$\mathbf{A}(\mathbf{r}) = \frac{\mu_0}{4\pi} \int \frac{\mathbf{j}(\mathbf{r}') \exp(ik|\mathbf{r} - \mathbf{r}'|)}{|\mathbf{r} - \mathbf{r}'|} \, d^3 r'. \tag{12.38}$$

Die zugehörigen Differentialgleichungen ergeben sich aus den Gl. (12.1), (12.2) und (12.35)
zu:

$$(\Delta + k^2)\Psi(\mathbf{r}) = -\gamma(\mathbf{r}),\tag{12.39}$$

wo $\Psi$ für $\Phi$ und $A_i$ und $\gamma$ für $\rho$ und $j_i$ steht. Die Lösungen (12.37) und (12.38) können wir
dann mit der zu (12.39) gehörenden Green'schen Funktion

$$G(\mathbf{r},\mathbf{r}';k) = \frac{\exp(ik|\mathbf{r} - \mathbf{r}'|)}{4\pi|\mathbf{r} - \mathbf{r}'|}\tag{12.40}$$

schreiben als

$$\Psi(\mathbf{r}) = \int \gamma(\mathbf{r}')\, G(\mathbf{r},\mathbf{r}';k)\, d^3r'.\tag{12.41}$$

Die Diskussion der Integrale (12.37), (12.38) für $\Phi(\mathbf{r})$ und $\mathbf{A}(\mathbf{r})$ werden wir in Kap. 13
wieder aufgreifen.

**Beispiel 2**  Felder bewegter Punktladungen.
Für eine sich auf der Bahn $\mathbf{r}(t)$ bewegende Punktladung $q$ können wir schreiben:

$$\rho(\mathbf{r}, t) = q\, \delta^3(\mathbf{r} - \mathbf{r}(t)); \qquad \mathbf{j}(\mathbf{r}, t) = q\, \mathbf{v}(t)\, \delta^3(\mathbf{r} - \mathbf{r}(t)).\tag{12.42}$$

Dann kann in (12.30) die $d^3r'$ – Integration ausgeführt werden:

$$\begin{aligned}
\Phi(\mathbf{r}, t) &= \frac{q}{4\pi\epsilon_0} \int \frac{\delta(\mathbf{r}' - \mathbf{r}(t'))\delta(t - t' - |\mathbf{r} - \mathbf{r}'|/c)}{|\mathbf{r} - \mathbf{r}'|}\, d^3r'dt' \\
&= \frac{q}{4\pi\epsilon_0} \int \frac{\delta(t - t' - |\mathbf{r} - \mathbf{r}(t')|/c)}{|\mathbf{r} - \mathbf{r}(t')|}dt',
\end{aligned}\tag{12.43}$$

analog für $\mathbf{A}(\mathbf{r}, t)$

$$A(\mathbf{r}, t) = \frac{\mu_0 q}{4\pi} \int \frac{\mathbf{v}(t')\,\delta(t - t' - |\mathbf{r} - \mathbf{r}(t')|/c)}{|\mathbf{r} - \mathbf{r}(t')|}\, dt'. \qquad (12.44)$$

Zur Ausführung der $t'$ – Integration benutzen wir

$$\int_{-\infty}^{\infty} g(x)\,\delta(f(x))\, dx = \sum_i \frac{g(x_i)}{|f'(x_i)|}, \qquad (12.45)$$

wobei $x_i$ (einfache) Nullstellen von $f(x)$ seien, d. h. $f(x_i) = 0$ und $f'(x_i) \neq 0$. Dann wird:

$$\Phi(\mathbf{r}, t) = \frac{q}{4\pi \epsilon_0} \sum_i \frac{1}{R(t_i')\kappa(t_i')} \qquad (12.46)$$

mit

$$R(t_i') = \mathbf{r} - \mathbf{r}(t_i'); \qquad \kappa(t_i') = 1 - \frac{\mathbf{R}(t_i') \cdot \mathbf{v}(t_i')}{cR(t_i')} = \left| \left(\frac{df}{dt'}\right)_{t'=t_i'} \right|. \qquad (12.47)$$

In (12.47) sind $t_i'$ Lösungen der Gleichung $f(t') = t' - t + R(t')/c = 0$. Analog erhalten wir:

$$A(\mathbf{r}, t) = \frac{q\mu_0}{4\pi} \sum_i \frac{\mathbf{v}(t_i')}{R(t_i')\kappa(t_i')}. \qquad (12.48)$$

Die Potentiale (12.46) und (12.48) **(Liénard – Wichert – Potentiale)** schreiben wir kurz als:

$$\Phi(\mathbf{r}, t) = \frac{q}{4\pi \epsilon_0} \left(\frac{1}{R\kappa}\right)_{ret}; \qquad A(\mathbf{r}, t) = \frac{q\mu_0}{4\pi} \left(\frac{\mathbf{v}}{R\kappa}\right)_{ret}. \qquad (12.49)$$

Der Grenzfall $v \to 0$ ergibt

$$A \to 0; \qquad \Phi(\mathbf{r}, t) \to \frac{q}{4\pi \epsilon_0 R}, \qquad (12.50)$$

d. h. das aus der Elektrostatik bekannte Coulomb-Potential (sowie ein verschwindendes Vektor-Potential).

## 12.4　Elektromagnetische Strahlung bewegter Punktladungen

Von Abstrahlung elektromagnetischer Wellen durch lokalisierte Ladungs- und Strom-Verteilungen sprechen wir, wenn der Energiefluß durch eine unendlich ferne Oberfläche nicht verschwindet,

$$\lim_{R \to \infty} \int \mathbf{S} \cdot d\mathbf{f} \neq 0. \tag{12.51}$$

Das bedeutet, daß die Felder $\mathbf{E}$, $\mathbf{B}$ nicht stärker als $R^{-1}$ abfallen dürfen, da die Oberfläche wie $R^2$ anwächst. Solche Felder nennt man **Strahlungsfelder** im Gegensatz zu den **statischen** Feldern, welche mit $R^{-2}$ abfallen.

Wir wollen nun zeigen, daß beschleunigte Punktladungen **strahlen;** dazu müssen wir die zu (12.49) gehörenden Felder über

$$\mathbf{B} = \nabla \times \mathbf{A}; \quad \mathbf{E} = -\nabla \Phi - \frac{\partial \mathbf{A}}{\partial t} \tag{12.52}$$

berechnen, wobei wir für $\Phi$, $\mathbf{A}$ die Form (12.43), (12.44) benutzen wollen. Mit den Abkürzungen

$$\nabla f(R) = \mathbf{n} \frac{\partial f}{\partial R}; \quad \mathbf{n} = \frac{\mathbf{R}}{R} \tag{12.53}$$

erhält man:

$$-\nabla \Phi(\mathbf{r}, t) = \frac{q}{4\pi \epsilon_0} \int dt' \left( \frac{\mathbf{n}(t')}{R(t')^2} \delta \left( t' - t + \frac{R(t')}{c} \right) - \frac{\mathbf{n}(t')}{cR(t')} \delta' \left( t' - t + \frac{R(t')}{c} \right) \right) \tag{12.54}$$

und

$$\frac{\partial}{\partial t} \mathbf{A}(\mathbf{r}, t) = -\frac{\mu_0 q}{4\pi} \int dt' \left( \frac{\mathbf{v}(t')}{R(t')} \delta' \left( t' - t + \frac{R(t')}{c} \right) \right), \tag{12.55}$$

so daß

$$\mathbf{E}(\mathbf{r}, t) = \frac{q}{4\pi \epsilon_0} \int dt' \left( \frac{\mathbf{n}(t')}{R(t')^2} \delta \left( t' - t + \frac{R(t')}{c} \right) + \frac{\mathbf{v}(t')/c - \mathbf{n}(t')}{cR(t')} \delta' \left( t' - t + \frac{R(t')}{c} \right) \right). \tag{12.56}$$

Dabei bedeutet $\delta'(t' - t + R(t')/c)$ die in (12.29) erklärte Ableitung nach ihrem Argument $\xi = t' - t + R(t')/c$. Analog:

$$\mathbf{B}(\mathbf{r}, t) = -\frac{\mu_0 q}{4\pi} \int dt' \, (\mathbf{n}(t') \times \mathbf{v}(t')) \left( \frac{1}{R(t')^2} \delta\left(t' - t + \frac{R(t')}{c}\right) - \frac{1}{cR(t')} \delta'\left(t' - t + \frac{R(t')}{c}\right) \right).$$

$$(12.57)$$

Zur Ausführung der $t'$ – Integration benutzen wir:

$$\delta'(\xi) = \frac{1}{\kappa(t')} \frac{d}{dt'} \delta\left(t' - t + \frac{R(t')}{c}\right) \tag{12.58}$$

mit $\kappa(t')$ aus (12.47). Mit (12.29), (12.45) sowie (12.49) wird dann:

$$\mathbf{E}(\mathbf{r}, t) = \frac{q}{4\pi \epsilon_0} \left( \frac{\mathbf{n}(t)}{\kappa(t) R(t)^2} + \frac{1}{\kappa(t) c} \frac{d}{dt'} \left( \frac{-\mathbf{v}(t')/c + \mathbf{n}(t')}{\kappa(t') R(t')} \right) \right)_{ret}, \tag{12.59}$$

$$\mathbf{B}(\mathbf{r}, t) = \frac{\mu_0 q}{4\pi} \left( \frac{\mathbf{v} \times \mathbf{n}(t)}{\kappa(t) R(t)^2} + \frac{1}{\kappa(t) c} \frac{d}{dt'} \left( \frac{\mathbf{v}(t') \times \mathbf{n}(t')}{\kappa(t') R(t')} \right) \right)_{ret}.$$

Um die Differentiation nach $t'$ auszuführen bilden wir

$$-\frac{d\mathbf{n}}{dt'} = \frac{\mathbf{R}}{R^2}(\mathbf{n} \cdot \mathbf{v}) - \frac{\mathbf{v}}{R} = \frac{1}{R}[(\mathbf{n} \cdot \mathbf{v})\mathbf{n} - \mathbf{v}] \tag{12.60}$$

und

$$\frac{d}{dt'}(\kappa R) = \frac{v^2}{c} - \mathbf{n} \cdot \mathbf{v} - \frac{R}{c}(\mathbf{n} \cdot \mathbf{a}) \tag{12.61}$$

mit der Beschleunigung $\mathbf{a} = d/dt' \mathbf{v}$. Setzen wir (12.60), (12.61) in (12.59) ein und ordnen wir nach Potenzen von $R^{-1}$, so erhalten wir:

$$\mathbf{E}(\mathbf{r}, t) = \frac{q}{4\pi \epsilon_0} \left( \frac{1}{c^2 \kappa^3 R}[(\mathbf{n} \cdot \mathbf{a})\left(\mathbf{n} - \frac{\mathbf{v}}{c}\right) - \kappa \mathbf{a}] \right)_{ret} + \quad O(R^{-2}); \tag{12.62}$$

Die letzteren Terme, die wie $R^{-2}$ abfallen, sind im Hinblick auf die Ausstrahlungsbedingung (12.51) uninteressant. Entsprechend für $\mathbf{B}$:

$$\mathbf{B}(\mathbf{r}, t) = \frac{\mu_0 q}{4\pi} \left( \frac{1}{c^2 \kappa^3 R}[(\mathbf{n} \cdot \mathbf{a})(\mathbf{v} \times \mathbf{n}) - \kappa c \, (\mathbf{n} \times \mathbf{a})] \right)_{ret} + \quad O(R^{-2}). \tag{12.63}$$

Zur Berechnung der Energiestromdichte benutzen wir die Identität

$$\mathbf{n} \times \left(\left(\mathbf{n} - \frac{\mathbf{v}}{c}\right) \times \mathbf{a}\right) = (\mathbf{n} \cdot \mathbf{a})\left(\mathbf{n} - \frac{\mathbf{v}}{c}\right) - \kappa\mathbf{a} \qquad (12.64)$$

sowie die Relation

$$\mathbf{B} = \frac{1}{c}(\mathbf{n} \times \mathbf{E}), \qquad (12.65)$$

welche für den asymptotischen Bereich direkt aus (12.62), (12.63) folgt, sich jedoch auch für die uns im Folgenden nicht interessierenden $R^{-2}$ – Terme beweisen läßt. Wir finden dann für den Poynting-Vektor

$$\mathbf{S} = \frac{\mathbf{E} \times \mathbf{B}}{\mu_0} = \frac{\mathbf{E} \times (\mathbf{n} \times \mathbf{E})}{\mu_0 c} = \frac{1}{\mu_0 c}\left(\mathbf{n}E^2 - \mathbf{E}(\mathbf{n} \cdot \mathbf{E})\right) = \frac{\mathbf{n}}{\mu_0 c}E^2 \qquad (12.66)$$

mit (12.62) und (12.64):

$$\mathbf{S} = \frac{q^2\mathbf{n}}{16\pi^2\epsilon_0 c^3\kappa^6 R^2}\left(\mathbf{n} \times \left[\left(\mathbf{n} - \frac{\mathbf{v}}{c}\right) \times \mathbf{a}\right]\right)^2. \qquad (12.67)$$

Da $|\mathbf{S}| \sim R^{-2}$, ist die Ausstrahlungsbedingung (12.51) erfüllbar und wir haben das Ergebnis, daß beschleunigte Punktladungen, $\mathbf{a} \neq 0$, strahlen. Daß gradlinig, gleichförmig bewegte Punktladungen ($\mathbf{a} = 0$) nicht strahlen, folgt ohne jede Rechnung aus dem Relativitätsprinzip: Das Ruhe-System der Punktladung ist dann ein Inertialsystem, in dem das elektrische Feld das Coulomb-Feld ist und das magnetische Feld (per Definition) verschwindet, so daß $\mathbf{S} = 0$ wird.

**Beispiele**

1. **Bremsstrahlung:** entsteht, wenn ein geladenes Teilchen (z. B. Elektron) in einem äußeren Feld abgebremst wird (z. B. beim Aufprall auf ein Target). Daraus resultiert das kontinuierliche **Röntgenspektrum.**

2. **Synchrotron-Strahlung:**
   Die Bewegung geladener Teilchen auf Kreisbahnen ist auch eine beschleunigte Bewegung. Die dabei entstehende Strahlung ist ein wesentliches Problem bei zyklischen Teilchenbeschleunigern (Synchrotron); ein Teil der zugeführten Energie geht durch Strahlung **verloren.** Andererseits ist bei hoch-relativistischen Elektronenstrahlen die Synchrotronstrahlung (bei geeigneten Ablenkmagneten) in einem kleinen Vorwärtswinkel fokussiert, so daß ein brauchbarer hochenergetischer Photonenstrahl entsteht!

3. **Strahlungsdämpfung:**
   Im klassischen Atommodell bewegen sich die gebundenen Elektronen auf Kreis- bzw. Ellipsenbahnen um den Atomkern. Dabei strahlen sie als beschleunigte Ladungen kontinuierlich elektromagnetische Wellen ab. Der resultierende Energieverlust führt zu instabilen Bahnen und schließlich zum Kollaps des Atoms im klassischen Modell.

Dieser Widerspruch zur experimentellen Beobachtung wird erst in der Quantentheorie bzw. Quantenelektrodynamik (QED) aufgelöst.

In Zusammenfassung dieses Kapitels haben wir die Lösung der inhomogenen Wellengleichung für beliebige Quellen $\rho(\mathbf{r}; t)$ und $\mathbf{j}(\mathbf{r}; t)$ mit der Methode der Green'schen Funktionen hergeleitet. Dies führte zu retardierten (Li'enard-Wiechert-) Potentialen, die eingesetzt wurden um die elektromagnetische Strahlung beschleunigter Punktladungen und zeitperiodischer Quellverteilungen zu berechnen.

# Multipolstrahlung 13

## Inhaltsverzeichnis



In diesem Kapitel werden wir die führenden Ordnungen der Multipole für magnetische und elektrische Strahlung klassifizieren, die von beschleunigten elektrischen und magnetischen Dipolmomenten sowie elektrischen Quadrupolmomenten erzeugt werden.

## 13.1 Langwellen-Näherung

Für eine Quellen-Verteilung der Form

$$\rho(\mathbf{r}, t) = \rho(\mathbf{r}) \exp(-i\omega t); \qquad \mathbf{j}(\mathbf{r}, t) = \mathbf{j}(\mathbf{r}) \exp(-i\omega t) \tag{13.1}$$

hatten wir in Abschn. 12.3 gefunden:

$$\Phi(\mathbf{r}, t) = \Phi(\mathbf{r}) \exp(-i\omega t); \qquad \mathbf{A}(\mathbf{r}, t) = \mathbf{A}(\mathbf{r}) \exp(-i\omega t) \tag{13.2}$$

und ($k = \omega/c$)

$$\Phi(\mathbf{r}) = \frac{1}{4\pi\epsilon_0} \int \frac{\rho(\mathbf{r}') \exp(ik|\mathbf{r} - \mathbf{r}'|)}{|\mathbf{r} - \mathbf{r}'|} \, d^3 r', \tag{13.3}$$

$$\mathbf{A}(\mathbf{r}) = \frac{\mu_0}{4\pi} \int \frac{\mathbf{j}(\mathbf{r}') \exp(ik|\mathbf{r} - \mathbf{r}'|)}{|\mathbf{r} - \mathbf{r}'|} \, d^3 r'.$$

Bei der Diskussion von (13.3) können wir uns im Folgenden auf $\mathbf{A}(\mathbf{r})$ beschränken, da $\mathbf{A}(\mathbf{r})$ und $\Phi(\mathbf{r})$ direkt über die Lorentz-Konvention zusammenhängen: Aus

$$\nabla \cdot \mathbf{A} + \frac{1}{c^2}\frac{\partial \Phi}{\partial t} = 0 \tag{13.4}$$

folgt mit (13.2)

$$\Phi(\mathbf{r}) = \frac{c^2}{i\omega}\,\nabla \cdot \mathbf{A}(\mathbf{r}), \tag{13.5}$$

und ist daher bei bekanntem $\mathbf{A}(\mathbf{r})$ ebenfalls festgelegt. Zur weiteren Behandlung von (13.3) machen wir die **Langwellen – Näherung**

$$d \ll \lambda = \frac{2\pi}{k}, \tag{13.6}$$

wo $d$ den Radius einer Kugel angibt, welche die Ladungs- und Stromverteilung in ihrem Inneren enthält.

**Beispiele**

Für die optische Strahlung von Atomen ist $d \approx 10^{-8}\,\text{cm}$, $\lambda \approx 10^{-5}\,\text{cm}$; analog für die $\gamma$-Strahlung von Atomkernen: $d \approx 10^{-13}\,\text{cm}$, $\lambda \approx 10^{-11}\,\text{cm}$.

Bei der Diskussion von (13.3) sind nun die Längen $d$, $\lambda$ und $r$ wesentlich. Wir untersuchen folgende Fälle:

**Fall 1:** $d < r \ll \lambda$ **(Nahzone)**

Dann ist

$$k|\mathbf{r} - \mathbf{r}'| \ll 1 \tag{13.7}$$

und wir erhalten:

$$\Phi(\mathbf{r}) = \frac{1}{4\pi\epsilon_0}\int \frac{\rho(\mathbf{r}')}{|\mathbf{r} - \mathbf{r}'|}\,d^3 r', \qquad \mathbf{A}(\mathbf{r}) = \frac{\mu_0}{4\pi}\int \frac{\mathbf{j}(\mathbf{r}')}{|\mathbf{r} - \mathbf{r}'|}\,d^3 r'. \tag{13.8}$$

Der Ortsanteil der Potentiale zeigt nach (13.8) die gleiche Struktur wie in Elektro- und Magnetostatik. Angesichts der Zeitabhängigkeit (13.2) spricht man von **quasistatischen Feldern,** für die $\mathbf{E}$, $\mathbf{B}$ wie $R^{-2}$ abfallen, sodaß die Ausstrahlungsbedingung (12.51) nicht erfüllt ist.

**Fall 2:** $d \ll \lambda \ll r$ **(Fernzonen)**

Wegen

$$kr \gg 1 \tag{13.9}$$

können wir dann die Taylor-Reihe

$$|\mathbf{r} - \mathbf{r}'| = \sum_{n=0}^{\infty} \frac{(-)^n}{n!} (\mathbf{r}' \cdot \nabla)^n r \approx r - \frac{\mathbf{r} \cdot \mathbf{r}'}{r} \cdots \tag{13.10}$$

in (13.3) benutzen:

$$\begin{aligned}
\mathbf{A}(\mathbf{r}) &= \mathbf{A}_0(\mathbf{r}) + \mathbf{A}_1(\mathbf{r}) + \cdots \\
&= \frac{\mu_0}{4\pi} \frac{\exp(ikr)}{r} \int d^3r'\, \mathbf{j}(\mathbf{r}') \left\{ 1 + \left( \frac{1}{r} - ik \right)(\mathbf{e} \cdot \mathbf{r}') + \cdots \right\} \\
&\approx \frac{\mu_0}{4\pi} \frac{\exp(ikr)}{r} \int d^3r'\, \mathbf{j}(\mathbf{r}') \left\{ 1 - i\frac{\omega}{c}(\mathbf{e} \cdot \mathbf{r}') \right\}
\end{aligned} \tag{13.11}$$

mit $k = \omega/c$ und dem Richtungsvektor

$$\mathbf{e} = \frac{\mathbf{r}}{r}. \tag{13.12}$$

## 13.2 Elektrische Dipol – Strahlung

Im ersten Term in (13.11)

$$\mathbf{A}_0(\mathbf{r}) = \frac{\mu_0}{4\pi} \frac{\exp(ikr)}{r} \int d^3r'\, \mathbf{j}(\mathbf{r}') \tag{13.13}$$

können wir wie folgt umformen:

$$\begin{aligned}
\int_V j_i\, d^3r' &= \int_V \nabla' \cdot (x_i' \mathbf{j})\, d^3r' - \int_V x_i' (\nabla' \cdot \mathbf{j})\, d^3r' \\
&= \int_F x_i' (\mathbf{j} \cdot d\mathbf{f}') - \int_V x_i' (\nabla' \cdot \mathbf{j})\, d^3r' = -i\omega \int_V x_i' \rho(\mathbf{r}')\, d^3r',
\end{aligned} \tag{13.14}$$

da wegen der Ladungserhaltung

$$\nabla \cdot \mathbf{j} - i\omega\rho = 0. \tag{13.15}$$

Mit (2.31) wird dann:

$$\mathbf{A}_0(\mathbf{r}) = -i\omega\frac{\mu_0}{4\pi}\,\frac{\exp(ikr)}{r}\,\mathbf{d}, \tag{13.16}$$

wobei wesentlich das elektrische Dipolmoment $\mathbf{d}$ eingeht.

Für die Felder folgt, wenn man (13.9) beachtet und sich auf Terme $\sim r^{-1}$ beschränkt:

$$\mathbf{B}_0(\mathbf{r}) = \nabla \times \mathbf{A}_0 = \frac{\mu_0}{4\pi c}\,\omega^2\frac{\exp(ikr)}{r}\,(\mathbf{e} \times \mathbf{d}). \tag{13.17}$$

Mit

$$\Phi_0(\mathbf{r}) = \frac{c^2}{i\omega}\nabla \cdot \mathbf{A}(\mathbf{r}) = -i\frac{\mu_0 c}{4\pi}\,\omega\frac{\exp(ikr)}{r}\,(\mathbf{e} \cdot \mathbf{d}) \tag{13.18}$$

folgt aus (8.5) für das $\mathbf{E}$-Feld:

$$\mathbf{E}_0(\mathbf{r}) = -\nabla\Phi_0(\mathbf{r}) - \frac{\partial \mathbf{A}_0}{\partial t} = \frac{\mu_0}{4\pi}\omega^2\frac{\exp(ikr)}{r}(\mathbf{d} - \mathbf{e}(\mathbf{e} \cdot \mathbf{d})) = c\,(\mathbf{B}_0 \times \mathbf{e}), \tag{13.19}$$

wenn man $\mathbf{e} \times \mathbf{d} \times \mathbf{e} = \mathbf{d} - \mathbf{e}(\mathbf{e}\cdot\mathbf{d})$ ausnutzt. Wir sind nun in der Lage, die Energiestromdichte

$$\mathbf{S} = \frac{\mathbf{E} \times \mathbf{B}}{\mu_0} = \frac{c}{\mu_0}(\mathbf{B}_0 \times \mathbf{e}) \times \mathbf{B}_0 = \frac{c}{\mu_0}(\mathbf{e}B_0^2 - \mathbf{B}_0(\mathbf{B}_0 \cdot \mathbf{e}) \tag{13.20}$$

zu berechnen. Wir benutzen die Realteile von (13.17) und (13.19) und finden mit (13.2) sowie $(\mathbf{e} \times \mathbf{d} \times \mathbf{e}) \times (\mathbf{e} \times \mathbf{d}) = \mathbf{e}d^2 \sin^2\theta$:

$$\mathbf{S}_0 = \frac{\mu_0}{16\pi^2 c}\omega^4 d^2 \sin^2\theta\,\frac{\cos^2(kr - \omega t)}{r^2}\mathbf{e}, \tag{13.21}$$

wobei $\theta$ der von $\mathbf{e}$ und $\mathbf{d}$ eingeschlossene Winkel ist. Für den zeitlichen Mittelwert folgt:

$$\overline{\mathbf{S}}_0 = \frac{\mu_0}{16\pi^2 c}\omega^4 d^2\,\frac{\sin^2\theta}{2r^2}\mathbf{e}. \tag{13.22}$$

Der Dipol strahlt also nicht in Richtung von $\mathbf{d}$ ($\theta = 0$), sondern maximal senkrecht zu $\mathbf{d}$ ($\theta = 90^0$). Die $\sin^2 \theta$ – Abhängigkeit ist charakteristisch für Dipolstrahlung.

**Bemerkungen**

1. Charakteristisch für Strahlungsfelder ist ihre Eigenschaft, daß $\mathbf{E}$, $\mathbf{B}$ und $\mathbf{S}$ ein orthogonales Dreibein bilden (vgl. Abschn. 10.3).
2. Ein (mit der Frequenz $\omega$) oszillierender Dipol ist nur durch beschleunigte Punktladungen realisierbar. Gl. (13.22) ist also konform mit der allgemeinen Aussage (12.67).
3. Die Strahlung niedrigster Multipolarität ist Dipol-Strahlung ($l = 1$), nicht Monopol-Strahlung ($l = 0$)! In der Quantentheorie wird gezeigt, wie die Multipolarität der Strahlung und der Drehimpuls der Photonen zusammenhängen. Da Photonen einen Eigendrehimpuls haben (**Spin** $1\hbar$), gibt es keine **drehimpuls-freie** Strahlung, d.h. Monopol-Strahlung. Der Spin der Photonen ist direkt verknüpft mit der Tatsache, daß Strahlungsfelder Vektor-Felder sind.

## 13.3  Magnetische Dipol- und elektrische Quadrupol – Strahlung

Der 2. Term der Entwicklung (13.11) lautet

$$\mathbf{A}_1(\mathbf{r}) = -i\omega \frac{\mu_0}{4\pi c} \frac{\exp(ikr)}{r} \int \mathbf{j}(\mathbf{r}')(\mathbf{e} \cdot \mathbf{r}')\, d^3r'; \tag{13.23}$$

das verbleibende Integral ist bestimmt durch das magnetische Dipolmoment und den elektrischen Quadrupoltensor. Um dies zu sehen, benutzen wir die Identität:

$$(\mathbf{e} \cdot \mathbf{r}')\mathbf{j} = \frac{1}{2}(\mathbf{r}' \times \mathbf{j}) \times \mathbf{e} + \frac{1}{2}\left((\mathbf{e} \cdot \mathbf{r}')\mathbf{j} + (\mathbf{e} \cdot \mathbf{j})\mathbf{r}'\right), \tag{13.24}$$

welche den Integranden in (13.23) in einen bzgl. $\mathbf{r}'$ antisymmetrischen und symmetrischen Anteil aufteilt. Mit der Definition (5.38) des magnetischen Dipolmoments wird der antisymmetrische Anteil:

$$\mathbf{A}_1^{(m)}(\mathbf{r}) = -i\omega \frac{\mu_0}{4\pi c} \frac{\exp(ikr)}{r}(\mathbf{m} \times \mathbf{e}). \tag{13.25}$$

Der magnetische Dipol-Anteil des Vektorpotentials geht formal in den elektrischen Dipol-Anteil (13.16) über, wenn man

$$\frac{1}{c}(\mathbf{m} \times \mathbf{e}) \to \mathbf{d} \tag{13.26}$$

ersetzt. Damit kann man aus (13.17) und (13.19) für die Feldstärken sofort ablesen:

$$\mathbf{B}_1^{(m)}(\mathbf{r}) = \frac{\mu_0}{4\pi c^2}\omega^2 \frac{\exp(ikr)}{r}(\mathbf{e} \times (\mathbf{m} \times \mathbf{e})) \tag{13.27}$$

und

$$\mathbf{E}_1^{(m)}(\mathbf{r}) = c\,(\mathbf{B}_1^{(m)} \times \mathbf{e}). \tag{13.28}$$

Analog (13.22) findet man für die im Zeitmittel abgestrahlte Energie:

$$\overline{\mathbf{S}}_1^{(m)} = \frac{\mu_0}{16\pi^2 c^3}\omega^4\, m^2 \frac{\sin^2\theta}{2r^2}\mathbf{e}, \tag{13.29}$$

wo $\theta$ jetzt der Winkel zwischen $\mathbf{m}$ und $\mathbf{e}$ ist. Der Vergleich von (13.29) und (13.22) zeigt, daß sich elektrische und magnetische Dipol-Strahlung in ihrer Frequenz- und Winkelabhängigkeit nicht unterscheiden. Der einzige Unterschied liegt in der **Polarisation:** für einen elektrischen Dipol liegt der Vektor des elektrischen Feldes in der von $\mathbf{e}$ und $\mathbf{d}$ aufgespannten Ebene, für einen magnetischen Dipol senkrecht zu der von $\mathbf{e}$ und $\mathbf{m}$ aufgespannten Ebene.

Wir befassen uns nun mit dem 2. Term in (13.24), der auf

$$\mathbf{A}_1^{(e)}(\mathbf{r}) = -i\omega\frac{\mu_0}{4\pi c}\frac{\exp(ikr)}{2r}\int \{\mathbf{j}(\mathbf{e}\cdot\mathbf{r}') + \mathbf{r}'(\mathbf{e}\cdot\mathbf{j})\}\,d^3r' \tag{13.30}$$

führt. Das Integral in (13.30) kann nun auf den in Abschn. 3.5 eingeführten elektrischen Quadrupoltensor zurückgeführt werden. Analog (13.14) formen wir um:

$$\int_V j_i x_m'\, d^3r' = \int_V x_m' \nabla' \cdot (x_i'\mathbf{j})\, d^3r' - \int_V x_m' x_i'(\nabla'\cdot\mathbf{j})\, d^3r' \tag{13.31}$$

$$= -\int_V x_i' j_m\, d^3r' - i\omega \int_V x_m' x_i' \rho(\mathbf{r}')\, d^3r',$$

wobei eine partielle Integration (1. Term) und die Ladungserhaltung (2. Term) benutzt wurden. Also:

$$\int_V \{j_i x_m' + x_i' j_m\}d^3r' = -i\omega \int_V x_m' x_i' \rho\, d^3r', \tag{13.32}$$

und wir können (13.30) schreiben als:

$$\mathbf{A}_1^{(e)}(\mathbf{r}) = -\frac{\mu_0}{4\pi c}\,\omega^2\,\frac{\exp(ikr)}{2r}\,\int (\mathbf{e}\cdot\mathbf{r}')\mathbf{r}'\rho(\mathbf{r}')\,d^3r'. \tag{13.33}$$

Für die Felder folgt bei Beachtung von (13.9)

$$\mathbf{B}_1^{(e)}(\mathbf{r}) = \nabla \times \mathbf{A}_1^{(e)}(\mathbf{r}) = ik\,(\mathbf{e}\times\mathbf{A}_1^{(e)}(\mathbf{r})) \tag{13.34}$$

und

$$\mathbf{E}_1^{(e)}(\mathbf{r}) = i\frac{c^2}{\omega}\,\nabla\times\mathbf{B}_1^{(e)}(\mathbf{r}) = c\,(\mathbf{B}_1^{(e)}(\mathbf{r})\times\mathbf{e}), \tag{13.35}$$

da im ladungsfreien Raum gilt:

$$\nabla\times\mathbf{B} = \frac{1}{c^2}\frac{\partial\mathbf{E}}{\partial t}. \tag{13.36}$$

**Bemerkung** Mit den Abkürzungen

$$f(r) = -\frac{\mu_0}{4\pi c}\,\omega^2\frac{\exp(ikr)}{r}, \qquad \mathbf{v}(\mathbf{r}) = \int d^3r'\,(\mathbf{e}\cdot\mathbf{r}')\mathbf{r}'\rho(\mathbf{r}') \tag{13.37}$$

wird:

$$\begin{aligned}
\mathbf{B}_1^{(e)} &= (\nabla f)\times\mathbf{v} + f\,\nabla\times\mathbf{v} \\
&= ikf(\mathbf{r})(\mathbf{e}\times\mathbf{v}) + O(r^{-2}) = ik(\mathbf{e}\times\mathbf{A}_1^{(e)}) + O(r^{-2}),
\end{aligned} \tag{13.38}$$

da alle Ableitungen von der Ordnung $O(r^{-1})$ sind. Entsprechend verfährt man in (13.35) bei der Berechnung von $\mathbf{E}_1^{(e)}$.

Mit Hilfe des Quadrupoltensors, gegeben durch seine Komponenten

$$Q_{mn} = \int_V \rho(\mathbf{r}')\left(x_m' x_n' - \frac{1}{3}r'^2\delta_{mn}\right)d^3r', \tag{13.39}$$

erhalten wir für $\mathbf{B}_1^{(e)}$ den Ausdruck:

$$\mathbf{B}_1^{(e)}(\mathbf{r}) = -i\frac{\mu_0}{4\pi c^2}\,\omega^3\,\frac{\exp(ikr)}{2r}\,(\mathbf{e}\times\mathbf{Q}), \tag{13.40}$$

wobei der Vektor $\mathbf{Q}$ die Komponenten

$$Q_m = \sum_{n=1}^{3} Q_{mn}e_n \tag{13.41}$$

hat. Man beachte, daß der 2. Term in (13.39) zu (13.40) keinen Beitrag liefert! Wie oben berechnen wir nun die Energiestromdichte

$$\mathbf{S}_1^{(e)} = \frac{1}{\mu_0}(\Re\mathbf{E}_1^{(e)} \times \Re\mathbf{B}_1^{(e)}) = \frac{c}{\mu_0}(\Re\mathbf{B}_1^{(e)} \times \mathbf{e}) \times \Re\mathbf{B}_1^{(e)}, \qquad (13.42)$$

woraus mit

$$(\mathbf{a} \times \mathbf{b}) \times \mathbf{c} = (\mathbf{a} \cdot \mathbf{c})\mathbf{b} - (\mathbf{b} \cdot \mathbf{c})\mathbf{a} \qquad (13.43)$$

folgt

$$\mathbf{S}_1^{(e)} = \frac{c}{\mu_0}(\Re\mathbf{B}_1^{(e)})^2\mathbf{e} = \frac{\mu_0}{16\pi^2 c^3}\,\omega^6\,\frac{\cos^2(kr - \omega t)}{4r^2}(\mathbf{e} \times \mathbf{Q})^2\mathbf{e}. \qquad (13.44)$$

Nach Zeitmittelung wird

$$\overline{\mathbf{S}}_1^{(e)} = \frac{\mu_0}{16\pi^2 c^3}\omega^6\frac{1}{8r^2}(\mathbf{e} \times \mathbf{Q})^2\mathbf{e}. \qquad (13.45)$$

Der Unterschied zur Dipolstrahlung bzgl. der Frequenzabhängigkeit ist offensichtlich. Zur Diskussion der Winkelabhängigkeit betrachten wir den Fall der **Axialsymmetrie** (vgl. Abschn. 3.5)

$$Q_{mn} = 0 \text{ für } m \neq n; \qquad Q_{11} = Q_{22} = -\frac{Q_{33}}{2} = -\frac{Q_0}{3}. \qquad (13.46)$$

In

$$(\mathbf{e} \times \mathbf{Q})^2 = Q^2 - (\mathbf{e} \cdot \mathbf{Q})^2 \qquad (13.47)$$

wird dann

$$Q^2 = \frac{Q_0^2}{9}(e_1^2 + e_2^2) + \frac{4}{9}Q_0^2 e_3^2 = \frac{Q_0^2}{9}(\sin^2\theta + 4\cos^2\theta) \qquad (13.48)$$

sowie

$$\mathbf{e} \cdot \mathbf{Q} = -\frac{Q_0}{3}\sin^2\theta + \frac{2}{3}Q_0\cos^2\theta; \qquad (13.49)$$

also

$$(\mathbf{e} \times \mathbf{Q})^2 = Q_0^2\sin^2\theta\cos^2\theta. \qquad (13.50)$$

Ergebnis:

$$\overline{\mathbf{S}}_1^{(e)} = \frac{\mu_0}{16\pi^2 c^3}\, \omega^6\, \frac{Q_0^2}{8r^2}\, \sin^2\theta \cos^2\theta\, \mathbf{e}. \qquad (13.51)$$

Die elektrische Quadrupolstrahlung unterscheidet sich von der elektrischen und magnetischen Dipolstrahlung sowohl in der Frequenzabhängigkeit als auch in der Winkelverteilung.

**Anwendung in der Atom- und Kernphysik**

Atome und Kerne können unter Emission bzw. Absorption von elektromagnetischer Strahlung ihren Zustand ändern. Die Multipolentwicklung ist die für diese Situation passende Beschreibung des elektromagnetischen Feldes. In der Atomphysik dominiert in der Regel die Dipolstrahlung: Der Vergleich von (13.22) und (13.51) zeigt, daß elektrische Dipolstrahlung um einen Faktor der Größenordnung $(kd_0)^{-2}$ stärker ist als elektrische Quadrupolstrahlung. Die dominiert auch die magnetische Dipolstrahlung, von der sie sich nach (13.22) und (13.29) um den Faktor $(v/c)^2$ unterscheidet. Die Verhältnisse sind in der Kernphysik komplizierter. Eine genaue Diskussion ist hier nur im Rahmen der **Quantentheorie** möglich.

In Zusammenfassung dieses Kapitels haben wir die führenden Ordnungen der Multipole für magnetische und elektrische Strahlung, die von beschleunigten elektrischen und magnetischen Dipolmomenten sowie elektrischen Quadrupolmomenten ausgehen, in Bezug auf ihre Frequenz- und Winkelabhängigkeit klassifiziert.

# Systematik der Multipolentwicklung 14

## Inhaltsverzeichnis



In diesem Kapitel werden wir die im vorherigen Kapitel vorgestellte Multipolentwicklung verallgemeinern und einen besonderen Satz von **orthogonalen Funktionen** auf der Kugeloberfläche einführen, die als **Kugelflächenfunktionen** bezeichnet werden. Diese Funktionen finden auch in anderen Bereichen der Physik allgemeine Anwendung.

## 14.1 Multipolentwicklung statischer Felder

Für eine lokalisierte Ladungsverteilung $\rho(\mathbf{r})$ können wir das Potential

$$\Phi(\mathbf{r}) = \frac{1}{4\pi\epsilon_0} \int \frac{\rho(\mathbf{r}')}{|\mathbf{r} - \mathbf{r}'|}\, d^3 r' \tag{14.1}$$

in genügend großer Entfernung von den Ladungen ($r \gg r'$) mit Hilfe einer Taylor-Reihe darstellen:

$$\begin{aligned}
\Phi(\mathbf{r}) &= \frac{1}{4\pi\epsilon_0} \int \rho(\mathbf{r}') \left( \sum_n \frac{(-)^n}{n!} (\mathbf{r}' \cdot \nabla)^n \frac{1}{r} \right) d^3 r' \\
&= \frac{1}{4\pi\epsilon_0} \int d^3 r'\, \rho(\mathbf{r}') \left( \frac{1}{r} + \frac{(\mathbf{r} \cdot \mathbf{r}')}{r^3} + \frac{3(\mathbf{r} \cdot \mathbf{r}')^2 - r^2 r'^2}{2r^5} + \cdots \right)
\end{aligned} \tag{14.2}$$




W. Cassing, *Theoretische Physik kompakt II*,
https://doi.org/10.1007/978-3-031-96471-8_14

Die Entwicklung (14.2) schreiben wir nun um auf **Kugelkoordinaten**

$$x = r \sin\theta \cos\phi; \qquad y = r \sin\theta \sin\phi; \qquad z = r \cos\theta \tag{14.3}$$
$$x' = r' \sin\theta' \cos\phi'; \qquad y' = r' \sin\theta' \sin\phi'; \qquad z' = r' \cos\theta'.$$

In diesen Koordinaten läßt sich (14.2) wie folgt darstellen:

$$\Phi(\mathbf{r}) = \sum_{l=0}^{\infty} \sum_{m=-l}^{l} \frac{q_{lm}}{\epsilon_0(2l+1)} Y_{lm}(\theta, \phi) \frac{1}{r^{l+1}} \tag{14.4}$$

mit den Entwicklungskoeffizienten

$$q_{lm} = \int d^3r' \, \rho(\mathbf{r}') r'^l \, Y_{lm}^*(\theta', \phi'). \tag{14.5}$$

In (14.4) wurde explizit (für $r > r'$) ausgenutzt, daß sich $|\mathbf{r} - \mathbf{r}'|^{-1}$ nach Kugelfunktionen $Y_{lm}$ entwickeln läßt:

$$\frac{1}{|\mathbf{r} - \mathbf{r}'|} = \frac{1}{r} \sum_{l=0}^{\infty} \sum_{m=-l}^{l} \frac{4\pi}{2l+1} \left(\frac{r'}{r}\right)^l Y_{lm}^*(\theta', \phi') \, Y_{lm}(\theta, \phi), \tag{14.6}$$

was äquivalent zur kartesischen Entwicklung in (14.2) ist, jedoch explizit nur von den Kugelkoordinaten $r, \theta, \phi, r', \theta', \phi'$ abhängt. Ein weiterer Vorteil der Entwicklung (14.6) besteht darin, daß die Kugelfunktionen $Y_{lm}$ zu verschiedenem $(l, m)$ - in noch zu definierendem Sinne - zueinander **orthogonal** sind (s. u.). Das skalare Feld $\Phi(\mathbf{r})$ läßt sich dann auch schreiben als:

$$\Phi(\mathbf{r}) = \frac{1}{4\pi\epsilon_0} \int \left( \rho(\mathbf{r}') \frac{1}{r} \sum_{l=0}^{\infty} \sum_{m=-l}^{l} \frac{4\pi}{2l+1} \left(\frac{r'}{r}\right)^l Y_{lm}^*(\theta', \phi') \, Y_{lm}(\theta, \phi) \right) d^3r'$$
$$= \sum_{l=0}^{\infty} \sum_{m=-l}^{l} \frac{q_{lm}}{\epsilon_0(2l+1)} Y_{lm}(\theta, \phi) \frac{1}{r^{l+1}} \tag{14.7}$$

mit den Entwicklungskoeffizienten $q_{lm}$ aus (14.5) (q.e.d.).

**Erläuterungen:**

1. Da die Vektoren $\mathbf{r}$ und $\mathbf{r}'$ in (14.2) in völlig symmetrischer Weise (über das Skalarprodukt $(\mathbf{r} \cdot \mathbf{r}')$) eingehen, muß $\Phi(\mathbf{r})$ in gleicher Weise von $\theta, \phi$ wie von $\theta', \phi'$ abhängen.
2. Der Index $l \geq 0$ klassifiziert das asymptotische Verhalten der einzelnen Terme in der Taylor-Reihe.
3. Der Index $m$ numeriert die Komponenten der Multipolmomente zu festem $l$. Zu jedem $l$ treten $2(l+1)$ Werte $-l, -l+1, ...., l-1, l$ von $m$ auf. Im 2. Term der Entwicklung z.B. werden die 3 Komponenten des Dipolmoments $\mathbf{d}$ mit $m = -1, 0, +1$ erfaßt.

Wie der explizite Vergleich von (14.2) und (14.4) zeigt, haben die niedrigsten Funktionen $Y_{lm}$ folgende Gestalt:

$$l = 0: \qquad Y_{00} = \frac{1}{\sqrt{4\pi}} \tag{14.8}$$

$$l = 1: \qquad Y_{10} = \sqrt{\frac{3}{4\pi}} \cos\theta; \qquad Y_{11} = -\sqrt{\frac{3}{8\pi}} \sin\theta \, \exp(i\phi)$$

$$l = 2: \qquad Y_{22} = \sqrt{\frac{15}{32\pi}} \sin^2\theta \, \exp(2i\phi); \qquad Y_{21} = -\sqrt{\frac{15}{8\pi}} \sin\theta \cos\theta \, \exp(i\phi);$$

$$Y_{20} = \sqrt{\frac{5}{4\pi}} \left( \frac{3}{2} \cos^2\theta - \frac{1}{2} \right),$$

wenn wir die (Phasen-)Festlegung

$$Y_{l-m}(\theta, \phi) = (-)^m Y_{lm}^*(\theta, \phi) \tag{14.9}$$

treffen. Die in (14.4) auftretende Kombination

$$Y_{lm}(\theta, \phi) \, Y_{lm}^*(\theta', \phi') + Y_{l-m}(\theta, \phi) \, Y_{l-m}^*(\theta', \phi')$$

ist damit reell und bzgl. $(\theta, \phi)$ und $(\theta', \phi')$ symmetrisch.

Die niedrigsten Entwicklungskoeffizienten $q_{lm}$ lauten mit (14.8), (14.9):

$$l = 0: \qquad q_{00} = \sqrt{\frac{1}{4\pi}} Q$$

mit

$$Q = \int \rho(\mathbf{r}')\, d^3 r' \qquad (14.10)$$

als der Gesamtladung.

$$l = 1: \quad q_{11} = -\sqrt{\frac{3}{8\pi}} \int d^3 r'\, \rho(\mathbf{r}')(x' - iy') = -\sqrt{\frac{3}{8\pi}}(d_x - id_y);$$

$$q_{10} = \sqrt{\frac{3}{4\pi}} \int d^3 r'\, \rho(\mathbf{r}')z' = \sqrt{\frac{3}{4\pi}}d_z,$$

wobei $d_x, d_y, d_z$ die Komponenten des Dipolmoments $\mathbf{d}$ sind.

$$l = 2: \quad q_{22} = \sqrt{\frac{15}{32\pi}} \int d^3 r'\, \rho(\mathbf{r}')(x' - iy')^2 = \sqrt{\frac{15}{32\pi}}(Q_{11} - Q_{22} - 2iQ_{12});$$

$$q_{21} = -\sqrt{\frac{15}{8\pi}} \int d^3 r'\, \rho(\mathbf{r}')z'(x' - iy') = -\sqrt{\frac{15}{8\pi}}(Q_{13} - iQ_{23});$$

$$q_{20} = \frac{3}{2}\sqrt{\frac{5}{4\pi}} \int d^3 r'\, \rho(\mathbf{r}')(z'^2 - \frac{r'^2}{3}) = \frac{3}{2}\sqrt{\frac{5}{4\pi}}Q_{33}.$$

Dazu tritt wegen (14.9)

$$q_{lm} = (-)^m q^*_{l-m}. \qquad (14.11)$$

## 14.2 Eigenschaften der Kugelflächenfunktionen

Zu Bestimmung der Kugelflächenfunktionen $Y_{lm}$ nutzen wir aus, daß außerhalb des Bereichs, in dem sich Ladungen befinden, für $\Phi(\mathbf{r})$ (14.4) die Laplace-Gleichung

$$\Delta\Phi = 0 \qquad (14.12)$$

erfüllt sein muß. Da die Potenzen $r^{-l-1}$ zu verschiedenen $l$-Werten und die Funktionen $\exp(im\phi)$ zu verschiedenen $m$-Werten linear unabhängig sind, folgt aus (14.12):

$$\Delta(r^{-l-1}Y_{lm}(\theta, \phi)) = 0. \qquad (14.13)$$

Der $\Delta$-Operator hat in Kugelkoordinaten die explizite Form:

$$\Delta = \frac{\partial^2}{\partial r^2} + \frac{2}{r}\frac{\partial}{\partial r} + \frac{1}{r^2\sin^2\theta}\left(\sin\theta\frac{\partial}{\partial\theta}\left(\sin\theta\frac{\partial}{\partial\theta}d\right) + \frac{\partial^2}{\partial\phi^2}\right). \qquad (14.14)$$

Führt man die $r$-Differentiationen in (14.13) aus, so bleibt

$$\left(\frac{1}{\sin\theta}\frac{\partial}{\partial\theta}\left(\sin\theta\frac{\partial}{\partial\theta}\right) + \frac{1}{\sin^2\theta}\frac{\partial^2}{\partial\phi^2} + l(l+1)\right)Y_{lm} = 0 \qquad (14.15)$$

als bestimmende Differentialgleichung für die $Y_{lm}$. Mit dem Separationsansatz

$$Y_{lm}(\theta,\phi) = \exp(im\phi)\, F_{lm}(\theta) \qquad (14.16)$$

reduziert sich (14.15) auf

$$\left(\frac{1}{\sin\theta}\frac{\partial}{\partial\theta}\left(\sin\theta\frac{\partial}{\partial\theta}\right) - \frac{m^2}{\sin^2\theta} + l(l+1)\right)F_{lm} = 0. \qquad (14.17)$$

**Bemerkungen**

1. Neben $r^{-l-1}Y_{lm}(\theta,\phi)$ ist auch $r^l Y_{lm}(\theta,\phi)$ eine Lösung von (14.12), d. h.

$$\Delta(r^l Y_{lm}(\theta,\phi)) = 0. \qquad (14.18)$$

Von diesen beiden linear unabhängigen Lösungen ist in unserem Zusammenhang nur $r^{-l-1}Y_{lm}$ brauchbar wegen der Randbedingung

$$\Phi(r,\theta,\phi) \to 0 \qquad \text{für } r \to \infty. \qquad (14.19)$$

2. Der Index $m$ in (14.16) muß ganzzahlig sein, da $\Phi$ eine eindeutige periodische Funktion ist:

$$\Phi(r,\theta,\phi) = \Phi(r,\theta,\phi + 2\pi). \qquad (14.20)$$

Zur Lösung von Gl. (14.17) führen wir weiter ein:

$$\xi = \cos\theta; \qquad \text{d.\,h.} \qquad \frac{1}{\sin\theta}\frac{d}{d\theta} = -\frac{d}{d\xi}, \tag{14.21}$$

sodaß (14.17) übergeht in:

$$\left( \frac{d}{d\xi}\left( (1-\xi^2)\frac{d}{d\xi} \right) - \frac{m^2}{1-\xi^2} + l(l+1) \right) F_{lm}(\xi) = 0. \tag{14.22}$$

Für $l = m$ kann man die Lösung (bis auf einen Normierungsfaktor) sofort angeben:

$$F_{ll} = (1-\xi^2)^{l/2} = (1-\cos^2\theta)^{l/2} = (\sin\theta)^l. \tag{14.23}$$

Die Lösungen zu $m \neq l$ erhält man dann rekursiv (bis auf einen Normierungsfaktor) aus:

$$F_{lm-1} = \left( -\frac{d}{d\theta} - m\,\cot g\theta \right) F_{lm}. \tag{14.24}$$

Der Beweis (durch Einsetzen von (14.24) in (14.17)) ist ebenso elementar wie langwierig (siehe Quantenmechanik). Wichtig am Resultat (14.24) ist, daß die $F_{lm}$ Polynome in $\cos\theta$, $\sin\theta$ der Ordnung $l$ sind, da Differentiation nach $\theta$ und Multiplikation mit $\cot g\theta$ die Ordnung von $F_{ll}$ nicht ändern. Für alle $m$-Werte mit $|m| > l$ verschwindet $F_{lm}$ als Folge des Rekursionsverfahrens, was die endliche Summation über $m$ von $-l$ bis $l$ in (14.6) begründet.

**Bemerkung**

Gl. (14.22) hat außer der hier behandelten Lösung als Differentialgleichung 2. Ordnung noch eine 2. Basislösung. Sie besitzt Singularitäten für $\theta = 0, \pi$ und ist für unsere Problemstellung nicht geeignet.

Eine wichtige Eigenschaft der Kugelfunktionen ist die **Orthogonalität.** Um sie zu formulieren, betrachten wir eine Folge von Funktionen $f_1(x), f_2(x), \cdots, f_n(x), \cdots$, welche im Intervall $[a, b]$ stetig sein sollen. Wir definieren dann das **Skalarprodukt** zweier Funktionen $f_n$, $f_m$ durch

$$(f_m, f_n) = \int_a^b f_m^*(x) f_n(x)\, dx. \tag{14.25}$$

Als die **Norm** von $f_n$ wird eingeführt:

$$(f_n, f_n) = \int_a^b |f_n(x)|^2 \, dx \geq 0. \tag{14.26}$$

Man nennt 2 Funktionen **orthogonal** wenn

$$(f_m, f_n) = 0. \tag{14.27}$$

**Bemerkung:** Die obigen Begriffsbildungen sind analog zu denen für Vektoren in Vektorräumen endlicher Dimension.

Für die Kugelfunktionen $Y_{lm}(\theta, \phi)$ gilt nun folgende Relation

$$\int_0^{2\pi} d\phi \int_0^{\pi} \sin\theta d\theta \, Y_{lm}^* Y_{l'm'} = \int_0^{2\pi} d\phi \int_{-1}^{1} d\cos\theta \, Y_{lm}^* Y_{l'm'} = \delta_{ll'}\delta_{mm'}, \tag{14.28}$$

wobei das Integral für $l = l'$ und $m = m'$ die Normierung der $Y_{lm}$ festlegt. Wegen

$$\int_0^{2\pi} d\phi \, \exp(i(m - m')\phi) = 2\pi \qquad \text{für } m = m' \tag{14.29}$$

und $=0$ für $m \neq m'$ ist die Orthogonalität bzgl. $m$ sofort klar. Die auf 1 normierten Funktionen (bzgl. der $\phi$-Abhängigkeit) sind dann

$$\frac{1}{\sqrt{2\pi}} \exp(im\phi). \tag{14.30}$$

Für die Funktionen $F_{lm}(\theta)$ verzichten wir hier auf die Berechnung der (in (14.23), (14.24) noch nicht enthaltenen) Normierungsfaktoren.

Die Orthogonalität bzgl. $l$ weisen wir wie folgt nach: Wir nutzen aus, daß die Lösung der reellen Differentialgleichung (14.22) stets reell gewählt werden kann und bilden von

$$\int_{-1}^{+1} d\xi \, F_{l'm} \left( \frac{d}{d\xi}(1 - \xi^2)\frac{d}{d\xi} - \frac{m^2}{1 - \xi^2} + l(l+1) \right) F_{lm} = 0 \tag{14.31}$$

und

$$\int_{-1}^{+1} d\xi \, F_{lm} \left( \frac{d}{d\xi}(1 - \xi^2)\frac{d}{d\xi} - \frac{m^2}{1 - \xi^2} + l'(l'+1) \right) F_{l'm} = 0 \tag{14.32}$$

die Differenz und erhalten

$$[l(l+1) - l'(l'+1)] \int_{-1}^{+1} d\xi \; F_{l'm} F_{lm} = 0; \tag{14.33}$$

dabei wurde der 1. Term in (14.31) (oder (14.32)) durch 2-malige partielle Integration umgeformt und beachtet, daß wegen des Faktors $(1 - \xi^2)$ keine Beiträge von den ausintegrierten Termen auftreten. Für $l \neq l'$ folgt aus (14.33)

$$\int_{-1}^{+1} d\xi \; F_{l'm} F_{lm} = 0, \qquad \text{q.e.d.} \tag{14.34}$$

## 14.3  Multipolentwicklung des Strahlungsfeldes

Die Multipollösungen von Kap. 13 im quellenfreien Raum genügen der Differentialgleichung

$$\Delta \mathbf{A} + k^2 \mathbf{A} = 0. \tag{14.35}$$

Sie besitzt außer ebenen Wellen auch Kugelwellen als Lösungen, die wir im folgenden konstruieren wollen.

Mit dem Ansatz

$$\mathbf{A}(\mathbf{r}) = \mathbf{a}_{lm} \, f_l(r) \, Y_{lm}(\theta, \phi) \tag{14.36}$$

geht (14.35) über in

$$\left( \frac{d^2}{dr^2} + \frac{2}{r} \frac{d}{dr} + k^2 - \frac{l(l+1)}{r^2} \right) f_l(r) = 0, \tag{14.37}$$

wenn man (14.14) und (14.15) beachtet. Gl. (14.37) wird etwas einfacher, wenn man statt $f_l$ die Funktion

$$g_l = r f_l \tag{14.38}$$

einführt, wofür dann die einfachere Gleichung gilt:

$$\left( \frac{d^2}{dr^2} + k^2 - \frac{l(l+1)}{r^2} \right) g_l(r) = 0. \tag{14.39}$$

Fall 1: l=0

Dann sind die Lösungen $g_0(r)$ sofort ersichtlich: $\sin(kr)$ und $\cos(kr)$ bzw. $\exp(\pm ikr)$.
Fall 2: $l \neq 0$

In der Variablen

$$\rho = kr \tag{14.40}$$

lautet (14.39)

$$\left(\frac{d^2}{d\rho^2} + 1 - \frac{l(l+1)}{\rho^2}\right) g_l(\rho) = 0. \tag{14.41}$$

Zur Lösung von (14.41) definieren wir die Operatoren

$$d_l^+ = \frac{d}{d\rho} - \frac{l}{\rho}; \qquad d_l^- = \frac{d}{d\rho} + \frac{l}{\rho}; \tag{14.42}$$

dann läßt sich (14.41) schreiben als

$$(d_l^+ d_l^- + 1)g_l = 0, \tag{14.43}$$

wenn man beachtet:

$$\frac{d}{d\rho}\left(\frac{l}{\rho}g_l\right) = -\frac{l}{\rho^2}g_l + \frac{l}{\rho}\frac{dg_l}{d\rho}. \tag{14.44}$$

Ähnlich ist:

$$(d_{l+1}^- d_{l+1}^+ + 1)g_l = 0. \tag{14.45}$$

Wendet man auf (14.45) die **Operation** $d_{l+1}^+$ an,

$$(d_{l+1}^+ d_{l+1}^- d_{l+1}^+ + d_{l+1}^+)g_l = (d_{l+1}^+ d_{l+1}^- + 1)(d_{l+1}^+ g_l) = 0 \tag{14.46}$$

und vergleicht mit (14.43), so erhält man (bis auf einen konstanten Faktor)

$$g_{l+1} \sim d_{l+1}^+ g_l. \tag{14.47}$$

Gl. (14.47) erlaubt also, die $g_l(\rho)$ rekursiv aus $g_0(\rho)$ zu berechnen. Je nach Wahl der Basislösung $g_0(\rho)$ konstruiert man die folgenden Funktionen:

**Lösungsübersicht:**

| $g_0$ | $(-)^l g_l(\rho)/\rho$ | Symbol |
|---|---|---|
| $\sin\rho$ | Sphärische Bessel-Funktionen | $j_l(\rho)$ |
| $-\cos\rho$ | Sphärische Neumann-Funktionen | $n_l(\rho)$ |
| $\exp(\pm i\rho)$ | Sphärische Hankel-Funktionen | $h_l^\pm(\rho)$ |

Zur einfachen Berechnung der niedrigsten Bessel-Funktionen $j_l$ und Neumann-Funktionen $n_l$ schreiben wir (14.42) zwechmäßigerweise um,

$$d_l^+ = \rho^l \frac{d}{d\rho}\rho^{-l}, \tag{14.48}$$

sodaß nach (14.47)

$$g_l = \rho^l \frac{d}{d\rho} \rho^{-l} \cdots \rho \frac{d}{d\rho} \rho^{-1} g_0 \tag{14.49}$$

oder

$$\frac{g_l}{\rho} = \rho^l \left(\frac{1}{\rho}\frac{d}{d\rho}\right)^l \left(\frac{g_0}{\rho}\right). \tag{14.50}$$

Man findet durch einfache Differentiationen:

$$j_0 = \frac{\sin\rho}{\rho}; \qquad n_0 = -\frac{\cos\rho}{\rho};$$

$$j_1 = \frac{\sin\rho}{\rho^2} - \frac{\cos\rho}{\rho}; \qquad n_1 = -\frac{\cos\rho}{\rho^2} - \frac{\sin\rho}{\rho};$$

$$j_2 = \left(\frac{3}{\rho^3} - \frac{1}{\rho}\right)\sin\rho - \frac{3\cos\rho}{\rho^2}; \qquad n_2 = \left(-\frac{3}{\rho^3} + \frac{1}{\rho}\right)\cos\rho - \frac{3\sin\rho}{\rho^2}.$$

Analog verfährt man zur Konstruktion der Hankel-Funktionen $h_l^{\pm}$ mit der Basislösung $g_0(\rho) = \exp(\pm i\rho)$.

Die allgemeine Lösung von (14.35) kann nun geschrieben werden als

$$\mathbf{A}(\mathbf{r}) = \sum_{l,m} \left(\mathbf{a}_{lm} h_l^{+}(\rho) + \mathbf{b}_{lm} h_l^{-}(\rho)\right) Y_{lm}(\theta, \phi), \tag{14.51}$$

wobei die Winkelabhäbgigkeit durch die $Y_{lm}(\theta, \phi)$ bestimmt ist und die radiale Abhängigkeit (bei festem $l$) durch die Hankel-Funktionen $h_l^{\pm}(kr)$. Für Abstrahlungsprobleme ist $\mathbf{b}_{lm} = 0$, da $h_l^{-}$ eine **einlaufende** Kugelwelle beschreibt. Die verbleibenden Koeffizienten $\mathbf{a}_{lm}$ der **auslaufenden** Kugelwelle $h_l^{+}(kr)$ werden bestimmt aus den Multipolmomenten durch Vergleich von (14.51) und (13.11) für $\rho = kr \gg 1$.

## 14.4 Entwicklung einer ebenen Welle nach Kugelflächenfunktionen

Die Funktionen $h_l^{\pm}(\rho) Y_{lm}(\theta, \phi)$ bilden wie die ebenen Wellen $\exp(\pm i\mathbf{k}\cdot\mathbf{r})$ eine vollständige Basis; die allgemeine Lösung der Wellengleichung kann aus der einen wie der anderen Basis durch Superposition gewonnen werden. Welche Basis man wählt, hängt von der speziellen Problemstellung (z. B. den Randbedingungen) ab.

Den Zusammenhang der beiden Basis-Systeme wollen wir aufzeigen durch Entwicklung einer ebenen Welle nach Kugelflächenfunktionen. Der Einfachheit halber wählen wir $\mathbf{k} = (0, 0, k)$, dann tritt in

$$\exp(i\mathbf{k}\cdot\mathbf{r}) = \exp(ikz) = \exp(ikr\cos\theta) \tag{14.52}$$

der Winkel $\phi$ nicht mehr auf und die Entwicklung hat die ($\phi$-unabhängige) Form:

$$\exp(ikz) = \sum_{l=0}^{\infty} a_l\, j_l(kr)\, Y_{l0}(\theta). \tag{14.53}$$

Die Neumann-Funktionen treten nicht auf, da die $n_l$ singulär werden für $r \to 0$ (z. B. $n_0(\rho) \to -1/\rho$ für $\rho \to 0$). Die Koeffizienten lauten:

$$a_l = i^l(2\,l+1)\sqrt{\frac{4\pi}{2\,l+1}}. \tag{14.54}$$

Zum **Beweis** von (14.54) nutzt man die Orthogonalität der Funktionen aus: Generell kann man die Koeffizienten einer Entwicklung

$$g(x) = \sum_m c_m f_m(x) \tag{14.55}$$

nach einem (vollständigen) orthonormierten System von Funktionen $f_m(x)$ mit

$$(f_n, f_m) = \delta_{nm} \tag{14.56}$$

bestimmen durch

$$c_n = (f_n, g) = \int_a^b f_n^*(x)g(x)\,dx. \tag{14.57}$$

Im obigen Beispiel (14.53) wird:

$$a_l\, j_l(kr) = \int_0^\pi \sin\theta d\theta\, Y_{l0}(\theta)\exp(ikr\cos\theta); \tag{14.58}$$

nach Entwicklung für kleine Werte von $r$ auf der rechten und linken Seite von (14.58) kann die $\theta$-Integration durchgeführt werden. Das Ergebnis ist dann gerade (14.54).

## 14.5    Nutzen der Entwicklung nach Kugelfunktionen

Kennt man die Winkelabhängigkeit der Potentiale $\Phi$, Gl.(14.4), bzw. $\mathbf{A}$, Gl.(14.51), bei festem $r$, so kann man sofort entscheiden, welche Multipolmomente die Quelle des Feldes enthält. Zum Beispiel wird

$$(Y_{lm}, \Phi) \sim q_{lm} \tag{14.59}$$

wegen der Orthogonalität der $Y_{lm}$, welche erlaubt aus der Entwicklung (14.4) einen bestimmten Term **herauszugreifen.**

In Zusammenfassung dieses Kapitels haben wir die im vorherigen Kapitel diskutierte Multipolentwicklung des Strahlungsfeldes verallgemeinert und einen Satz **orthogonaler Funktionen** auf der Kugeloberfläche eingeführt, die als **Kugelflächenfunktionen** bezeichnet werden. Als Anwendungen haben wir die allgemeine Multipolentwicklung des Strahlungsfeldes und die Entwicklung einer ebenen Welle in Kugelflächenfunktionen vorgestellt.

# Teil V

# Das elektromagnetische Feld in Materie

# Makroskopische Felder

15

## Inhaltsverzeichnis



Im Prinzip erlauben die Maxwell-Gleichungen von Teil III das elektromagnetische Feld beliebiger Materieanordnungen zu berechnen, sobald die Ladungsdichte $\rho(\mathbf{r}, t)$ und die Stromdichte $\mathbf{j}(\mathbf{r}, t)$ exakt bekannt sind. In einer solchen **mikroskopischen** Theorie wird die gesamte Materie in dem betrachteten Raumbereich in Punktladungen (Elektronen und Atomkerne) zerlegt, deren Bewegungszustand dann Ladungsdichte $\rho(\mathbf{r}, t)$ und Stromdichte $\mathbf{j}(\mathbf{r}, t)$ definiert. Für Materieanordnungen von **makroskopischen** Dimensionen (z. B. Kondensator mit Dielektrikum oder stromdurchflossene Spule mit Eisenkern) ist eine **mikroskopische** Rechnung in der Praxis weder durchführbar noch erstrebenswert, da experimentell nur räumliche und zeitliche Mittelwerte der Felder kontrollierbar sind. Wir werden uns daher im Folgenden mit raum-zeitlichen Mittelwerten befassen.

## 15.1  Makroskopische Mittelwerte

sind Integrale der Form

$$< f(\mathbf{r}, t) >= \frac{1}{\Delta V \, \Delta T} \int d^3\xi \, d\tau \; f(\mathbf{r} + \vec{\xi}, t + \tau) \tag{15.1}$$

wobei,


© Der/die Autor(en), exklusiv lizenziert an Springer Nature Switzerland AG 2025
W. Cassing, *Theoretische Physik kompakt II*,
https://doi.org/10.1007/978-3-031-96471-8_15

i)  $\Delta V$ das Volumen, $\Delta T$ das Zeitintervall angibt, über das gemittelt wird,

ii)  die Funktion $f$ für die Ladungs- oder Stromdichte und die Komponenten der Feldstärken steht ($f = \rho, \mathbf{j}, \mathbf{E}, \mathbf{B}$.). Wir wollen im Folgenden Zusammenhänge zwischen den Mittelwerten (15.1) für Ladungs- und Stromdichte einerseits und den Feldern andererseits herstellen. Ausgangspunkt sind die **mikroskopischen** Maxwell-Gleichungen

$$\nabla \cdot \mathbf{B} = 0; \qquad \nabla \times \mathbf{E} + \frac{\partial \mathbf{B}}{\partial t} = 0 \tag{15.2}$$

und

$$\nabla \cdot \mathbf{E} = \frac{\rho}{\epsilon_0}; \qquad \nabla \times \mathbf{B} - \epsilon_0 \mu_0 \frac{\partial \mathbf{E}}{\partial t} = \mu_0 \mathbf{j}. \tag{15.3}$$

Wenn wir annehmen, daß in (15.1) Differentiationen nach $\mathbf{r}$ und $t$ unter dem Integral ausgeführt werden dürfen,

$$\frac{\partial}{\partial t} < f > = < \frac{\partial f}{\partial t} >; \qquad \frac{\partial}{\partial x} < f > = < \frac{\partial f}{\partial x} >; \qquad \frac{\partial}{\partial y} < f > = < \frac{\partial f}{\partial y} >; \qquad \text{etc.,} \tag{15.4}$$

so erhalten wir aus (15.2) und (15.3) folgende Gleichungen für die Mittelwerte:

$$\nabla \cdot < \mathbf{B} > = 0; \qquad \nabla \times < \mathbf{E} > + \frac{\partial < \mathbf{B} >}{\partial t} = 0 \tag{15.5}$$

und

$$\nabla \cdot < \mathbf{E} > = \frac{< \rho >}{\epsilon_0}; \qquad \nabla \times < \mathbf{B} > - \epsilon_0 \mu_0 \frac{\partial < \mathbf{E} >}{\partial t} = \mu_0 < \mathbf{j} > . \tag{15.6}$$

Die homogenen Gl. (15.2) bleiben beim Übergang von den **mikroskopischen** Feldern $\mathbf{E}$, $\mathbf{B}$ zu den **makroskopischen** Feldern

$$\vec{\mathcal{E}} = < \mathbf{E} >, \qquad \vec{\mathcal{B}} = < \mathbf{B} > \tag{15.7}$$

erhalten. In den inhomogenen Gl. (15.6) müssen wir nun $< \rho >$ und $< \mathbf{j} >$ geeignet aufteilen in

## 15.2 Freie und gebundene Ladungsträger

Wir befassen uns zunächst in (15.6) mit dem Zusammenhang von $\vec{\mathcal{E}}$ und seinen Quellen. Dazu zerlegen wir

$$< \rho >= \rho_b + \rho_f, \tag{15.8}$$

wobei $\rho_b$ die im Sinne von (15.1) gemittelte Dichte der **gebundenen** Ladungsträger darstellt, $\rho_f$ die gemittelte Dichte der **freien** Ladungsträger.

Gebundene Ladungsträger sind z. B. die Gitterbausteine eines Ionen-Kristalls (wie $NaCl$ mit den Gitterbausteinen $Na^+$ und $Cl^-$) oder die Elektronen von Atomen und Molekülen. Gebunden bedeutet dabei nicht, daß die Ladungsträger total unbeweglich sind, sondern nur, daß sie durch starke rücktreibende Kräfte an bestimmte **Gleichgewichtslagen** gebunden sind, um die herum kleine Schwingungen möglich sind.

Frei bewegliche Ladungsträger sind z. B. Leitungselektronen in Metallen, Ionen in Gasen oder Elektrolyten. Sie zeichnen sich dadurch aus, daß sie unter dem Einfluß eines äußeren Feldes einen makroskopischen Strom bilden.

$\rho_f$ ist im Gegensatz zu $\rho_b$ eine makroskopische, im Experiment direkt kontrollierbare Größe. Die Ladungen auf den Platten eines Kondensators z. B. können **von außen** vorgegeben werden. Sie erzeugen ein elektrisches Feld, welches in einem Dielektrikum zwischen den Platten elektrische Dipole erzeugen oder ausrichten kann. Der Effekt für den Beobachter sind **Polarisationsladungen** auf den Oberflächen des Dielektrikums, welche von den speziellen Gegebenheiten (Art des Dielektrikums, Temperatur der Umgebung, Stärke des $\vec{\mathcal{E}}$-Feldes) abhängen.

Es liegt daher nahe, das von den (gebundenen) Polarisationsladungen resultierende zusätzliche elektrische Feld mit dem Feld zusammenzufassen, welches von den Ladungen $\rho_f$ auf den Platten herrührt (siehe Abb. 15.1). Das Zusatzfeld $\vec{\mathcal{P}}$ wählen wir so, daß:

**Abb. 15.1** Polarization des Dieletrikums in einem Kondensator

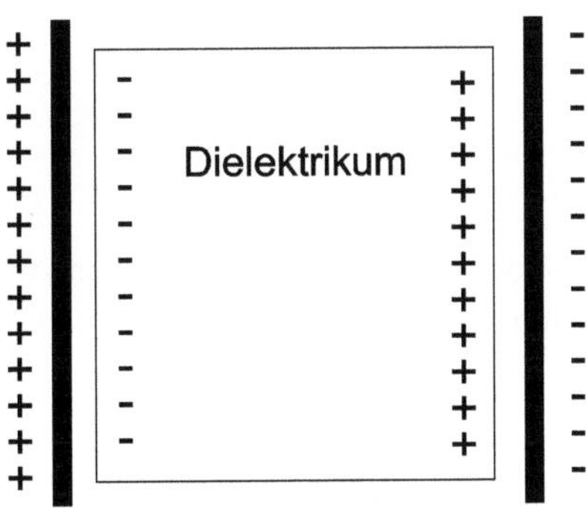

$$\nabla \cdot \vec{\mathcal{P}} = -\rho_b \tag{15.9}$$

und

$$\vec{\mathcal{P}} = 0 \qquad \text{wo } \rho_b = 0. \tag{15.10}$$

Dann wird:

$$\nabla \cdot (\epsilon_0 \vec{\mathcal{E}} + \vec{\mathcal{P}}) = \rho_f \tag{15.11}$$

oder nach Einführung der **dielektrischen Verschiebung**

$$\vec{\mathcal{D}} := \epsilon_0 \vec{\mathcal{E}} + \vec{\mathcal{P}} \tag{15.12}$$

$$\nabla \cdot \vec{\mathcal{D}} = \rho_f. \tag{15.13}$$

Wir werden weiter unten zeigen, daß das **Hilfsfeld** $\vec{\mathcal{P}}$ gerade die Dichte des (makroskopischen) Dipolmoments des betrachteten Dielektrikums ist (**dielektrische Polarisation**).

Vorher wollen wir jedoch noch die 2. inhomogene Gleichung in (15.6) umformen. Analog zu (15.8) teilen wir auf:

$$< \mathbf{j} > = \mathbf{j}_f + \mathbf{j}_b, \tag{15.14}$$

wobei $\mathbf{j}_f$ die von der Bewegung der freien Ladungsträger herrührende (gemäß (15.1) gemittelte) Stromdichte ist. Die von der Bewegung der gebundenen Ladungsträger herrührende (gemittelte) Stromdichte $\mathbf{j}_b$ teilt man zweckmäßigerweise noch einmal auf,

$$\mathbf{j}_b = \mathbf{j}_P + \mathbf{j}_M = \frac{\partial \vec{\mathcal{P}}}{\partial t} + \mathbf{j}_M. \tag{15.15}$$

Dabei soll $\mathbf{j}_P$ von der zeitlichen Änderung von $\vec{\mathcal{P}}$, also der Bewegung der Polarisationsladungen, herrühren:

$$\mathbf{j}_P = \frac{\partial \vec{\mathcal{P}}}{\partial t}. \tag{15.16}$$

Die Diskussion des verbleibenden Anteils $\mathbf{j}_M$, der von molekularen Kreisströmen, d. h. **magnetischen Dipolen,** herrührt, verschieben wir auf später.

Mit (15.12), (15.14) und (15.16) schreibt sich die 2. inhomogene Gleichung wie folgt:

$$\nabla \times \vec{B} - \mu_0 \frac{\partial \vec{D}}{\partial t} = \mu_0 \mathbf{j}_f + \mu_0 \mathbf{j}_M. \tag{15.17}$$

Für die weitere Umformung von (15.17) nutzen wir die Kontinuitätsgleichung für die freien Ladungsträger aus:

$$\nabla \cdot \mathbf{j}_f + \frac{\partial \rho_f}{\partial t} = 0. \tag{15.18}$$

Dann folgt aus (15.13) und (15.18)

$$\nabla \cdot \left( \frac{\partial \vec{D}}{\partial t} + \mathbf{j}_f \right) = 0, \tag{15.19}$$

sodaß der Vektor $\partial \vec{D}/\partial t + \mathbf{j}_f$ sich als Rotation eines Vektors darstellen läßt, den wir mit $\vec{\mathcal{H}}$ bezeichnen,

$$\nabla \times \vec{\mathcal{H}} = \frac{\partial \vec{D}}{\partial t} + \mathbf{j}_f. \tag{15.20}$$

Mit (15.17) finden wir den Zusammenhang von $\vec{B}$ und $\vec{\mathcal{H}}$:

$$\nabla \times (\vec{B} - \mu_0 \vec{\mathcal{H}}) = \mu_0 \mathbf{j}_M. \tag{15.21}$$

Analog dem Vektor $\vec{\mathcal{P}}$ führen wir hier ein:

$$\mu_0 \vec{\mathcal{M}} = \vec{B} - \mu_0 \vec{\mathcal{H}}, \tag{15.22}$$

sodaß entsprechend (15.9):

$$\nabla \times \vec{\mathcal{M}} = \mathbf{j}_M; \qquad \vec{\mathcal{M}} = 0 \ \text{wo} \ \mathbf{j}_M = 0. \tag{15.23}$$

$\vec{\mathcal{M}}$ wird sich als die Dichte des (makroskopischen) magnetischen Dipolmoments (**Magnetisierung**) erweisen.

**Bemerkungen**

1. Ein mikroskopisches Analogon besitzen nur die Felder $\vec{\mathcal{E}}, \vec{\mathcal{B}}$, nämlich **E, B** (vgl. (15.7)). $\vec{\mathcal{D}}$ und $\vec{\mathcal{H}}$ sind nur **Hilfsfelder,** die wir einführen, um komplizierte elektrische und magnetische Eigenschaften der Materie pauschal, d. h. im Mittel, zu erfassen.
2. Eine makroskopische Polarisation (oder Magnetisierung) kann zustande kommen dadurch, daß vorhandene elektrische (oder magnetische) Dipole im Feld **ausgerichtet** werden oder daß Dipole vom Feld **induziert** werden. Ohne äußeres Feld sind **permanente** Dipole statistisch verteilt und ergeben nach Mittelung über ein makroskopisches Volumen keine Polarisation (oder Magnetisierung).

**Zusammenfassung der makroskopischen Feldgleichungen**

Homogene Gleichungen:

$$\nabla \cdot \vec{\mathcal{B}} = 0; \qquad \nabla \times \vec{\mathcal{E}} + \frac{\partial \vec{\mathcal{B}}}{\partial t} = 0 \qquad (15.24)$$

Inhomogene Gleichungen:

$$\nabla \cdot \vec{\mathcal{D}} = \rho_f; \qquad \nabla \times \vec{\mathcal{H}} - \frac{\partial \vec{\mathcal{D}}}{\partial t} = \mathbf{j}_f \qquad (15.25)$$

Verknüpfungen:

$$\vec{\mathcal{D}} = \epsilon_0 \vec{\mathcal{E}} + \vec{\mathcal{P}}; \qquad \vec{\mathcal{H}} = \frac{1}{\mu_0} \vec{\mathcal{B}} - \vec{\mathcal{M}}. \qquad (15.26)$$

Die Gl. (15.24), (15.25) haben formal die gleiche Struktur wie (15.2), (15.3); sie können daher mit den gleichen Methoden gelöst werden.

Die Gl. (15.2), (15.3) reichen jedoch noch nicht aus, um – bei gegebenem $\rho_f$, $\mathbf{j}_f$ – die 4 Felder $\vec{\mathcal{E}}, \vec{\mathcal{D}}, \vec{\mathcal{B}}, \vec{\mathcal{H}}$ eindeutig zu bestimmen. Dazu müssen wir die formalen Verknüpfungen (15.26) mit Hilfe spezieller Modelle für die betrachtete Materie in explizite **Materialgleichungen** umwandeln. Einfache Beispiele werden in den nächsten Kapiteln dazu diskutiert.

## 15.3  Polarisation und Magnetisierung

Zur Interpretation von Polarisation $\vec{\mathcal{P}}$ und Magnetisierung $\vec{\mathcal{M}}$ führen wir durch

$$\vec{\mathcal{B}} = \nabla \times \vec{\mathcal{A}}; \qquad \vec{\mathcal{E}} = -\nabla \tilde{\Phi} - \frac{\partial \vec{\mathcal{A}}}{\partial t} \tag{15.27}$$

das makroskopische skalare Potential $\tilde{\Phi}$ und Vektor-Potential $\vec{\mathcal{A}}$ ein. Für sie gelten in Lorentz-Eichung die inhomogenen Wellengleichungen

$$-\Box\tilde{\Phi} = \frac{1}{\epsilon_0}\left(\rho_f - \nabla \cdot \vec{\mathcal{P}}\right), \tag{15.28}$$

$$-\Box\vec{\mathcal{A}} = \mu_0\left(\mathbf{j}_f + \nabla \times \vec{\mathcal{M}} + \frac{\partial \vec{\mathcal{P}}}{\partial t}\right). \tag{15.29}$$

Sie haben als spezielle Lösungen die retardierten Potentiale (vgl. Abschn. 12.3)

$$\tilde{\Phi}(\mathbf{r},t) = \frac{1}{4\pi\epsilon_0}\left(\int d^3r'\, \frac{\rho_f(\mathbf{r}',t')}{|\mathbf{r}-\mathbf{r}'|} - \int d^3r'\, \frac{\nabla' \cdot \vec{\mathcal{P}}(\mathbf{r}',t')}{|\mathbf{r}-\mathbf{r}'|}\right) \tag{15.30}$$

mit der retardierten Zeit $t' = t + |\mathbf{r}-\mathbf{r}'|/c$. Ebenso:

$$\vec{\mathcal{A}}(\mathbf{r},t) = \frac{\mu_0}{4\pi}\left(\int d^3r'\, \frac{\mathbf{j}_f(\mathbf{r}',t')}{|\mathbf{r}-\mathbf{r}'|} + \int d^3r'\, \frac{\partial \vec{\mathcal{P}}(\mathbf{r}',t')/\partial t'}{|\mathbf{r}-\mathbf{r}'|} + \int d^3r'\, \frac{\nabla' \times \vec{\mathcal{M}}(\mathbf{r}',t')}{|\mathbf{r}-\mathbf{r}'|}\right). \tag{15.31}$$

Den uns interessierenden Term in (15.30) formen wir mit partieller Integration um:

$$\int d^3r'\, \frac{\nabla' \cdot \vec{\mathcal{P}}(\mathbf{r}',t)}{|\mathbf{r}-\mathbf{r}'|} = \int d^3r'\, \frac{(\mathbf{r}-\mathbf{r}') \cdot \vec{\mathcal{P}}(\mathbf{r}',t)}{|\mathbf{r}-\mathbf{r}'|^3}, \tag{15.32}$$

wobei wir der Einfachheit halber die Retardierung vernachlässigen ($t = t'$). Für endlich ausgedehnte Materie tritt kein Oberflächenterm bei der partiellen Integration auf.

Der Vergleich mit Abschn. 13.2 oder Abschn. 2.5 zeigt, daß $\vec{\mathcal{P}}$ die Bedeutung der Dichte des makroskopischen elektrischen Dipolmoments zukommt, wie oben schon behauptet.

Ganz entsprechend wird bei Vernachlässigung der Retardierung ($t = t'$) aus dem letzten Term in (15.31):

$$\int d^3r' \, \frac{\nabla' \times \vec{\mathcal{M}}(\mathbf{r}', t)}{|\mathbf{r} - \mathbf{r}'|} = \int d^3r' \, \frac{(\mathbf{r} - \mathbf{r}') \times \vec{\mathcal{M}}(\mathbf{r}', t)}{|\mathbf{r} - \mathbf{r}'|^3}. \tag{15.33}$$

Der Vergleich mit Abschn. 6.4 oder Abschn. 13.3 zeigt, daß $\vec{\mathcal{M}}(\mathbf{r}, t)$ die Dichte des makroskopischen magnetischen Dipolmoments zukommt.

Es entsteht dadurch, daß entweder **permanente** magnetische Dipole im Feld ausgerichtet werden oder durch das Feld **induziert** werden, wie im Fall der elektrischen Dipole.
Die Ladungserhaltung für die gebundenen Ladungsträger,

$$\nabla \cdot \mathbf{j}_b + \frac{\partial \rho_b}{\partial t} = 0, \tag{15.34}$$

folgt aus (15.9), (15.14) sowie (15.16) und (15.23).

Zusammenfassend haben wir die mikroskopischen Maxwell-Gleichungen auf die makroskopischen Felder erweitert und zwei Hilfsfelder eingeführt, nämlich die Dichte des (makroskopischen) elektrischen Dipolmoments $\vec{\mathcal{P}}$ (**dielektrische Polarisation**) und die Dichte des (makroskopischen) magnetischen Dipolmoments $\vec{\mathcal{M}}$ (**Magnetisierung**), die durch Materialgleichungen gesondert bestimmt werden müssen.

# Energie, Impuls und Drehimpuls des makroskopischen Feldes

**16**

## Inhaltsverzeichnis



In Kap. 9 hatten wir Energie, Impuls und Drehimpuls des mikroskopischen Feldes eingeführt und dieses Konzept in Teil IV auf das Strahlungsfeld im Vakuum angewendet. Wir wollen im Folgenden die Betrachtungen von Kap. 9 auf das makroskopische Feld übertragen.

## 16.1   Energie

Ausgangspunkt für die Energiebilanz in Kap. 9 war die von einem (mikroskopischen) Feld $(\mathbf{E}, \mathbf{B})$ an einem System geladener Massenpunkte pro Zeiteinheit geleistete Arbeit

$$\frac{dW_M}{dt} = \int (\mathbf{j} \cdot \mathbf{E}) \, dV. \tag{16.1}$$

Grundlage von (16.1) ist die Lorentz-Kraft, z.B. für eine Punktladung $q$:

$$\mathbf{F} = q \, (\mathbf{E} + (\mathbf{v} \times \mathbf{B})), \tag{16.2}$$

deren magnetischer Anteil zu (16.1) keinen Beitrag liefert. Aus (16.2) erhält man mit (15.1) für die vom makroskopischen Feld $(\vec{\mathcal{E}}, \vec{\mathcal{B}})$ auf eine mit der Geschwindigkeit $\mathbf{v}$ bewegte Probeladung $q$ ausgeübte (mittlere) Kraft:

$$\vec{\mathcal{F}} = q\left(\vec{\mathcal{E}} + (\mathbf{v} \times \vec{\mathcal{B}})\right). \tag{16.3}$$

Die an den **freien** Ladungen der Dichte $\rho_f$ vom makroskopischen Feld pro Zeiteinheit geleistete Arbeit ist dann analog (16.1):

$$\frac{dW_M}{dt} = \int (\mathbf{j}_f \cdot \vec{\mathcal{E}})\, dV. \tag{16.4}$$

Die rechte Seite von (16.4) können wir mit (15.25) ($\mathbf{j}_f = \nabla \times \vec{\mathcal{H}} - \frac{\partial \vec{\mathcal{D}}}{\partial t}$) umformen zu:

$$\frac{dW_M}{dt} = \int \left( \vec{\mathcal{E}} \cdot (\nabla \times \vec{\mathcal{H}}) - \vec{\mathcal{E}} \cdot \frac{\partial \vec{\mathcal{D}}}{\partial t} \right) dV. \tag{16.5}$$

Wie in Kap. 9 können wir (16.5) symmetrisieren mit Hilfe der Identität

$$\nabla \cdot (\mathbf{a} \times \mathbf{b}) = \mathbf{b} \cdot (\nabla \times \mathbf{a}) - \mathbf{a} \cdot (\nabla \times \mathbf{b}) \tag{16.6}$$

und (15.24),

$$\nabla \times \vec{\mathcal{E}} = -\frac{\partial \vec{\mathcal{B}}}{\partial t}. \tag{16.7}$$

Man erhält:

$$\frac{dW_M}{dt} = -\int dV \left( \nabla \cdot (\vec{\mathcal{E}} \times \vec{\mathcal{H}}) + \vec{\mathcal{E}} \cdot \frac{\partial \vec{\mathcal{D}}}{\partial t} + \vec{\mathcal{H}} \cdot \frac{\partial \vec{\mathcal{B}}}{\partial t} \right). \tag{16.8}$$

Der Vergleich mit (9.7) zeigt, daß

$$\vec{\mathcal{S}} = \vec{\mathcal{E}} \times \vec{\mathcal{H}} \tag{16.9}$$

als **Energiestromdichte des makroskopischen Feldes** (Poynting-Vektor) zu deuten ist. Zur Interpretation der restlichen Terme betrachten wir die

Näherung **linearer, isotroper Medien**:

$$\vec{\mathcal{D}} = \epsilon\vec{\mathcal{E}}; \qquad \vec{\mathcal{B}} = \mu\vec{\mathcal{H}}. \tag{16.10}$$

Dann wird

$$\vec{\mathcal{E}} \cdot \frac{\partial\vec{\mathcal{D}}}{\partial t} + \vec{\mathcal{H}} \cdot \frac{\partial\vec{\mathcal{B}}}{\partial t} = \frac{1}{2}\frac{\partial}{\partial t}(\vec{\mathcal{E}} \cdot \vec{\mathcal{D}} + \vec{\mathcal{H}} \cdot \vec{\mathcal{B}}) \tag{16.11}$$

und wir können analog (9.10) die Größe

$$\frac{1}{2}(\vec{\mathcal{E}} \cdot \vec{\mathcal{D}} + \vec{\mathcal{H}} \cdot \vec{\mathcal{B}}) \tag{16.12}$$

als Energiedichte des makroskopischen Feldes - im Falle linearer, isotroper Medien - interpretieren.

## 16.2 Impuls, Drehimpuls

Nach (16.3) ist

$$\frac{d\mathbf{P}_M}{dt} = q\left(\vec{\mathcal{E}} + (\mathbf{v} \times \vec{\mathcal{B}})\right) \tag{16.13}$$

die Änderung des Impulses der Probeladung $q$ im Feld $(\vec{\mathcal{E}}, \vec{\mathcal{B}})$. Für die Impulsänderung eines Systems freier Ladungen, beschrieben durch $\rho_f, \mathbf{j}_f$, im Feld $(\vec{\mathcal{E}}, \vec{\mathcal{B}})$ folgt:

$$\frac{d\mathbf{P}_M}{dt} = \int dV \left(\rho_f\vec{\mathcal{E}} + (\mathbf{j}_f \times \vec{\mathcal{B}})\right). \tag{16.14}$$

Analog Abschn. 9.2 formen wir (16.14) mit

$$\nabla \cdot \vec{\mathcal{D}} = \rho_f; \qquad \nabla \times \vec{\mathcal{H}} - \frac{\partial\vec{\mathcal{D}}}{\partial t} = \mathbf{j}_f \tag{16.15}$$

um zu

$$\frac{d\mathbf{P}_M}{dt} = \int dV \left(\vec{\mathcal{E}}(\nabla \cdot \vec{\mathcal{D}}) + (\nabla \times \vec{\mathcal{H}}) \times \vec{\mathcal{B}} - \frac{\partial\vec{\mathcal{D}}}{\partial t} \times \vec{\mathcal{B}}\right). \tag{16.16}$$

Wir symmetrisieren (16.16) mit Hilfe von

$$\nabla \cdot \vec{B} = 0; \qquad \nabla \times \vec{\mathcal{E}} = -\frac{\partial \vec{B}}{\partial t}, \tag{16.17}$$

$$\frac{d\mathbf{P}_M}{dt} = \int dV \left( \vec{\mathcal{E}}(\nabla \cdot \vec{\mathcal{D}}) + \vec{\mathcal{H}}(\nabla \cdot \vec{B}) + (\nabla \times \vec{\mathcal{H}}) \times \vec{B} + (\nabla \times \vec{\mathcal{E}}) \times \vec{\mathcal{D}} - \frac{\partial}{\partial t}(\vec{\mathcal{D}} \times \vec{B}) \right). \tag{16.18}$$

Wie in Kap. 9 läßt sich dann

$$\vec{\mathcal{D}} \times \vec{B} \tag{16.19}$$

als **Impulsdichte des makroskopischen elektromagnetischen Feldes** interpretieren (vgl. (9.38)).

Die Übertragung von (9.39) auf den Fall des makroskopischen Feldes ist dann trivial, d.h.

$$\mathbf{r} \times \vec{\mathcal{D}} \times \vec{B} \tag{16.20}$$

kann als **Drehimpulsdichte des makroskopischen elektromagnetischen Feldes** interpretiert werden.

## 16.3　Die Kirchhoff'schen Regeln

Die Theorie der elektrischen Schaltkreise beruht auf folgenden Regeln:

1. Kirchhoff'scher Satz (**Knotenregel**)

An einer Stromverzweigung (siehe Abb. 16.1) gilt für stationäre und quasistationäre Ströme

$$\sum_{i=1}^{N} I_i = 0. \tag{16.21}$$

**Beweis**

Für stationäre und quasistationäre Ströme folgt aus

$$\nabla \cdot \mathbf{j}_f = 0, \tag{16.22}$$

mit dem Gauß'schen Integralsatz:

**Abb. 16.1** Illustration der
Knotenregel

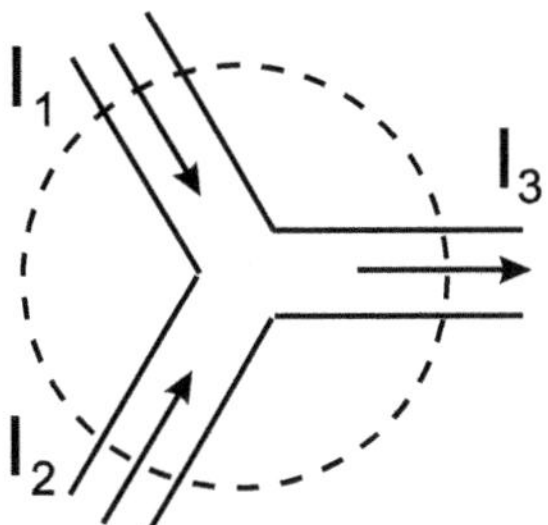

$$\int_F \mathbf{j}_f \cdot d\mathbf{f} = \sum_{i=1}^{N} I_i = 0. \tag{16.23}$$

**Bemerkung** Der quasistationäre Fall ist dadurch definiert, daß in (15.19) $\partial \vec{\mathcal{D}}/\partial t$ vernachlässigt werden darf, woraus direkt (16.22) folgt. Im stationären Fall ist $\partial \rho_f/\partial t = 0$ und (16.22) folgt aus (15.18). Grundlage der 1. Kirchhoff'schen Regel ist also die **Ladungserhaltung.**

2. Kirchhoff'sche Regel (**Maschenregel**)

Die Summe der Spannungsabfälle längs eines geschlossenen Weges in einem Schaltkreis (**Masche**) verschwindet,

$$\sum_j U_j = 0. \tag{16.24}$$

Dabei kann $U_j$ stehen für

i)  Ohm'schen Spannungsabfall (**Widerstand** $R$)

$$U_R = IR, \tag{16.25}$$

ii)  Kondensatorspannung (**Kapazität** $C$)

$$U_C = \frac{1}{C} \int I\,dt, \tag{16.26}$$

iii)  induzierte Spannung (**Induktivität** $L$)

$$U_L = L \frac{dI}{dt} \tag{16.27}$$

sowie eine externe (Batterie-) **Spannung** $U_B$ (siehe Abb. 16.2).

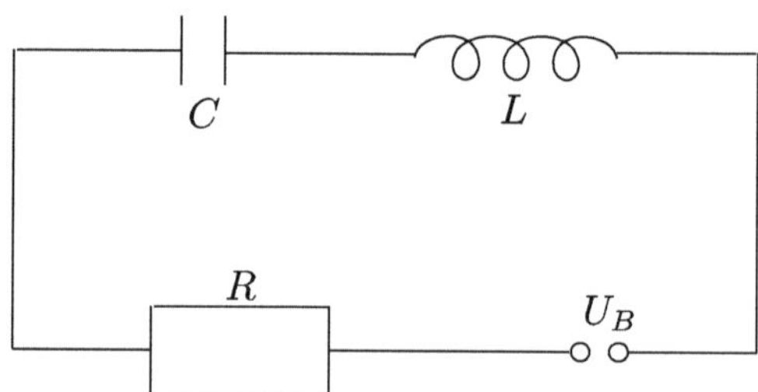

**Abb. 16.2** Illustration eines Schwingkreises mit Kondensator $C$, Induktivität $L$, Ohm'schen Widerstand $R$ und Batteriespannung $U_B$.

**Beweis** Aus

$$\nabla \times \vec{\mathcal{E}} = -\frac{\partial \vec{B}}{\partial t} \tag{16.28}$$

folgt mit dem Stoke'schen Integralsatz

$$\int_F (\nabla \times \vec{\mathcal{E}}) \cdot d\mathbf{f} = \oint_S \vec{\mathcal{E}} \cdot d\mathbf{s} = -\frac{\partial}{\partial t} \int_F \vec{B} \cdot d\mathbf{f}. \tag{16.29}$$

Grundlage der 2. Kirchhoff'schen Regel ist das Induktionsgesetz oder der **Energiesatz**. Führt man eine Ladung $q$ auf einem geschlossenen Weg durch den Schaltkreis, so ist (16.24) nach Multiplikation mit $q$ gerade die Energiebilanz.

**Schwingkreis**: Für eine Serienschaltung von einer Kapazität $C$, einer Induktivität $L$ sowie eines Ohm'schen Widerstandes $R$ gilt nach (16.25)

$$\frac{1}{C} \int^t I \, dt' + IR + L\frac{dI}{dt} = 0. \tag{16.30}$$

Nach einer weiteren Zeitdifferentiation (und Division durch $L$) entsteht

$$\left(\frac{d^2}{dt^2} + \frac{R}{L}\frac{d}{dt} + \frac{1}{LC}\right) I(t) = 0, \tag{16.31}$$

was der Differentialgleichung für einen gedämpften harmonischen Oszillator – mit bekannten Lösungen $\omega^2 = 1/(LC)$ und $\gamma = R/L$ – entspricht.

**Bemerkung** Durch die Induktivität $L$ entsteht – außer bei supraleitenden Materialien und entsprechend tiefen Temperaturen – ein endlicher Widerstand $R$, so daß gewöhnliche Schwingkreise eine endliche Lebensdauer $\tau = 1/\gamma$ der Schwingung haben.

Zusammenfassend haben wir die Energie, den Impuls und den Drehimpuls des makroskopischen Feldes berechnet und die Kirchhoff'schen Regeln im Zusammenhang mit der Ladungs- und Energieerhaltung diskutiert.

# Elektrische und magnetische Eigenschaften der Materie $\qquad$ 17

## Inhaltsverzeichnis



Die makroskopischen Maxwell-Gleichungen

$$\nabla \cdot \vec{B} = 0; \qquad \nabla \times \vec{\mathcal{E}} + \frac{\partial \vec{B}}{\partial t} = 0 \tag{17.1}$$

und

$$\nabla \cdot \vec{\mathcal{D}} = \rho_f; \qquad \nabla \times \vec{\mathcal{H}} - \frac{\partial \vec{\mathcal{D}}}{\partial t} = \mathbf{j}_f \tag{17.2}$$

reichen (wie in Abschn. 16.2 erwähnt) nicht aus um die Felder $\vec{\mathcal{E}}$, $\vec{B}$, $\vec{\mathcal{D}}$ und $\vec{\mathcal{H}}$ zu bestimmen, solange nicht explizite **Materialgleichungen** zur Verfügung stehen, welche $\vec{\mathcal{E}}$, $\vec{B}$, $\vec{\mathcal{D}}$ und $\vec{\mathcal{H}}$ untereinander verknüpfen. Oft sind auch die makroskopischen Quellen $\rho_f$ und $\mathbf{j}_f$ nicht als Funktion von $\mathbf{r}$ und $t$ vorgegeben, sondern Funktional von den zu berechnenden Feldern abhängig. In diesem Kapitel werden wir einfache Beispiele für solche Materialgleichungen vorstellen und die Linear-Response Theorie einführen.

## 17.1 Materialgleichungen

Für die Diskussion solcher Materialgleichungen formen wir (17.2) so um, daß die Felder $\vec{\mathcal{E}}$ und $\vec{B}$ in Abhängigkeit von den makroskopischen Quellen $\rho_f, \mathbf{j}_f, \vec{\mathcal{P}}$ und $\vec{\mathcal{M}}$ dargestellt werden:


© Der/die Autor(en), exklusiv lizenziert an Springer Nature Switzerland AG 2025
W. Cassing, *Theoretische Physik kompakt II*,
https://doi.org/10.1007/978-3-031-96471-8_17

$$\nabla \cdot \vec{\mathcal{E}} = \frac{1}{\epsilon_0}(\rho_f - \nabla \cdot \vec{\mathcal{P}}); \qquad \nabla \times \vec{\mathcal{B}} - \epsilon_0 \mu_0 \frac{\partial \vec{\mathcal{E}}}{\partial t} = \mu_0 \left( \mathbf{j}_f + \frac{\partial \vec{\mathcal{P}}}{\partial t} + \nabla \times \vec{\mathcal{M}} \right). \qquad (17.3)$$

Dabei sind $\rho_f, \mathbf{j}_f, \vec{\mathcal{P}}$ und $\vec{\mathcal{M}}$ Funktionale der Felder $\vec{\mathcal{E}}$ und $\vec{\mathcal{B}}$; sie können auch von **äußeren** Parametern wie z. B. der Temperatur $T$ abhängen (siehe Thermodynamik). Es ist also:

$$\vec{\mathcal{P}} = \vec{\mathcal{P}}[\vec{\mathcal{E}}, \vec{\mathcal{B}}, T]; \qquad (17.4)$$

entsprechend für $\vec{\mathcal{M}}$ und $\mathbf{j}_f$. Über die Kontinuitätsgleichung ist dann $\rho_f$ durch $\mathbf{j}_f$ bestimmt:

$$\nabla \cdot \mathbf{j}_f + \frac{\partial \rho_f}{\partial t} = 0. \qquad (17.5)$$

Im Folgenden werden wir für eine Reihe einfacher Modelle Materialgleichungen vom Typ (17.4) diskutieren. Dabei werden wir von Konzepten der **Linear-Response Theorie** Gebrauch machen, welche mathematisch auf dem **Faltungstheorem** basieren.

Zu diesem Zweck sei daran erinnert, daß bei inhomogenen Differentialgleichungen 2. Ordnung zunächst die Green'sche Funktion $G_0(x - x')$, d. h. das Inverse des Differentialoperators $D_0$ der homogenen Gleichung, gebildet wird:

$$D_0(x)G_0(x - x') = \delta^n(x - x') \qquad (17.6)$$

und eine spezielle Lösung der inhomogenen Gleichung (mit Inhomogenität $f(x)$) dann gegeben ist durch

$$\Phi(x) = \int d^n x' \, G_0(x - x') \, f(x'), \qquad (17.7)$$

wobei $n$ die Dimension des Problems bezeichnet. Wir hatten schon in Abschn. 12.2 dieses Verfahren im Zusammenhang mit retardierten Potentialen ausgenutzt.

Im Folgenden beschränken wir uns (der Einfachheit halber) auf 1 Dimension, d. h. explizit auf die Zeitvariable $t$:

$$\Phi(t) = \int dt' \, G_0(t - t') \, f(t'), \qquad (17.8)$$

wobei zu beachten ist, daß $G_0(t - t') = 0$ für $t' > t$. Gl. (17.8) ist ein Faltungsintegral vom Typ

$$a(t) = \int_{-\infty}^{\infty} b(t - t') \, c(t') \, dt'. \qquad (17.9)$$

Nach einer Fourier-Transformation der Größen $a(t), b(t)$ und $c(t)$ erhält man für die Fourier-Transformierten $a(\omega), b(\omega)$ und $c(\omega)$ die einfache algebraische Relation

$$
a(\omega) = \int_{-\infty}^{\infty} dt \, \exp(i\omega t) \, a(t) = \int dt \, \exp(i\omega t) \int dt' \, b(t - t')c(t') \qquad (17.10)
$$

$$
= \int dt \, \exp(i\omega t) \int dt' \int \frac{d\omega'}{2\pi} \exp(-i\omega'(t-t')) \int \frac{d\omega''}{2\pi} \exp(-i\omega'' t') \, b(\omega')c(\omega'')
$$

$$
= \int dt \, \exp(i\omega t) \int \frac{d\omega'}{2\pi} \exp(-i\omega' t) \int d\omega'' \, \delta(\omega'' - \omega') \, b(\omega')c(\omega'')
$$

$$
= \int dt \, \exp(i\omega t) \int \frac{d\omega'}{2\pi} \exp(-i\omega' t) \, b(\omega')c(\omega')
$$

$$
= \int d\omega' \, \delta(\omega - \omega') \, b(\omega')c(\omega') = b(\omega)c(\omega) = a(\omega).
$$

Der Zusammenhang von (17.9) mit (17.10) wird als **Faltungstheorem** bezeichnet. Von diesem Faltungstheorem wird in der **Linear-Response Theorie** Gebrauch gemacht, da bei 'kleinen Störungen' $f(t)$ am System – welches beschrieben wird durch den Differential-Operator $D_0$ – die Lösung explizit in der Fourier-Darstellung in der Form (17.10) gegeben ist. Die Fourier-Transformierte $b(\omega)$ wird auch im Folgenden als **Responsefunktion** bezeichnet.

**Beispiel** Um die Rolle der Responsefunktion $b(\omega)$ zu veranschaulichen, sei das einfache Beispiel des gedämpften Oszillators betrachtet. Die Bewegungsgleichungen eines gedämpften harmonischen Oszillators unter dem Einfluß einer äußeren Kraft $f(t)$ lauten:

$$
M\left(\frac{d^2}{dt^2}q(t) + \omega_0^2 q(t)\right) + \gamma \, \frac{d}{dt} \, q(t) = f(t). \qquad (17.11)
$$

Nach Fourier-Transformation von $q(t)$ und $f(t)$ wird daraus

$$
\{M(\omega_0^2 - \omega^2) - i\gamma\omega\}q(\omega) = f(\omega), \qquad (17.12)
$$

oder

$$
q(\omega) = \frac{1}{M(\omega_0^2 - \omega^2) - i\,\gamma\omega} f(\omega) = b(\omega)f(\omega). \qquad (17.13)
$$

Damit ist die Responsefunktion $b(\omega)$ gegeben durch

$$
b(\omega) = \frac{1}{M(\omega_0^2 - \omega^2) - i\,\gamma\omega} = -\frac{1}{M}\left(\frac{1}{\omega^2 - \omega_0^2 + i\,\gamma/M\omega}\right). \qquad (17.14)
$$

Wie man sofort sieht, liegen die Pole von $b(\omega)$ in der unteren komplexen Halbebene in $\omega$ für $\gamma > 0$. Analoge Beispiel werden noch häufiger auftreten (s. u.).

## 17.2  Ohm'sches Gesetz; elektrische Leitfähigkeit

In Metallen ist die Leitfähigkeit auf die Existenz **freier** Elektronen zurückzuführen. Die Bewegungsgleichung für ein solches Leitungselektron $i$ lautet:

$$M\frac{d\mathbf{v}_i}{dt} + \xi\mathbf{v}_i = e\mathbf{E}_i, \tag{17.15}$$

wobei $\mathbf{E}_i$ das auf das Elektron $i$ wirkende elektrische Feld ist und der Reibungsterm ($\sim \mathbf{v}_i$) der Tatsache (pauschal) Rechnung tragen soll, daß die Leitungselektronen durch Stöße mit den Gitterionen Energie verlieren.

Aus (17.15) folgt mit (5.4), (5.5) für die Stromdichte (nach Division durch $M$):

$$\frac{d\mathbf{j}_f}{dt} + \frac{\xi}{M}\mathbf{j}_f = n\frac{e^2}{M}\vec{\mathcal{E}}, \tag{17.16}$$

wobei wir den Mittelwert über $\mathbf{E}_i$ mit dem makroskopischen Feld $\vec{\mathcal{E}}$ identifiziert haben. In Gl. (17.16) bezeichnet $n$ die Dichte der Leitungselektronen, d.h. $\mathbf{j}_f = e < \mathbf{v} > n$. Für statische $\vec{\mathcal{E}}$-Felder besitzt (17.16) die stationäre Lösung ($d\mathbf{j}_f/dt = 0$):

$$\mathbf{j}_f = \frac{ne^2}{\xi}\vec{\mathcal{E}} = \sigma_0\vec{\mathcal{E}} \tag{17.17}$$

mit der

**Gleichstromleitfähigkeit**

$$\sigma_0 = \frac{ne^2}{\xi}. \tag{17.18}$$

Für ein zeitlich periodisches Feld

$$\vec{\mathcal{E}}(t) = \vec{\mathcal{E}}_0 \exp(-i\omega t) \tag{17.19}$$

erwarten wir (nach Fourier-Transformation) als Lösung von (17.16)

$$\mathbf{j}_f(t) = \mathbf{j}_0 \exp(-i\omega t). \tag{17.20}$$

Gl. (17.16) ergibt dann die Beziehung

$$\mathbf{j}_f(\omega) = \sigma(\omega)\vec{\mathcal{E}}(\omega) \tag{17.21}$$

mit der **frequenzabhängigen Leitfähigkeit** (Responsefunktion)

$$\sigma(\omega) = \frac{\sigma_0}{1 - i\omega\tau} = \frac{\sigma_0(1 + i\omega\tau)}{1 + \omega^2\tau^2} = \frac{\sigma_0}{1 + \omega^2\tau^2} + i\,\frac{\sigma_0\omega\tau}{1 + \omega^2\tau^2}; \tag{17.22}$$

dabei ist die Dämpfungskonstante $\tau$ bestimmt durch

$$\tau = \frac{M}{\xi}. \tag{17.23}$$

Für niedrige Frequenzen ($\omega\tau \ll 1$) wird $\sigma(\omega)$ reell, $\sigma(\omega) \approx \sigma_0$, während umgekehrt für hohe Frequenzen ($\omega\tau \gg 1$) $\sigma(\omega)$ rein imaginär wird, sodaß $\mathbf{j}_f$ und $\vec{\mathcal{E}}$ um $\pi/2$ gegeneinander phasenverschoben sind. Durch Messung von $\sigma(\omega)$ lassen sich somit die Dichte der Leitungselektronen $n$ wie auch die Zerfallszeit $\tau$ bestimmen.

## 17.3  Dielektrika

Unter dem Einfluß eines elektrischen Feldes $\vec{\mathcal{E}}$ stellt sich in einem nichtleitenden, polarisierbarem Medium eine Polarisation $\vec{\mathcal{P}}$ ein. Wir unterscheiden 2 Typen:

### 1.  Orientierungspolarisation

Schon vorhandene (**permanente**) elektrische Dipole werden im $\vec{\mathcal{E}}$-Feld ausgerichtet. Dem ordnenden Einfluß des Feldes wirkt die thermische Bewegung entgegen und die resultierende makroskopische Polarisation ist temperaturabhängig. Für $\vec{\mathcal{E}} = 0$ sind die Richtungen der elementaren Dipole statistisch verteilt und es ist $\vec{\mathcal{P}} = 0$. Für endliche $\vec{\mathcal{E}}$-Felder wird die temperaturabhängige Polarisation explizit in Abschn. 17.5 berechnet.

### 2.  Induzierte Polarisation

Durch das $\vec{\mathcal{E}}$-Feld können Elektronen und Kerne in Atomen oder Molekülen relativ zueinander verschoben und Dipole in Feldrichtung erzeugt (**induziert**) werden. Auf diese Weise entsteht eine temperaturunabhängige Polarisation.

Bei niedrigen Feldstärken und/oder hohen Temperaturen ist die lineare Beziehung

$$\vec{P} = \chi_e \epsilon_0 \vec{\mathcal{E}} \tag{17.24}$$

(Linear Response) eine gute Näherung von (17.4); dabei ist die **elektrische Suszeptibilität** $\chi_e$ (Responsefunktion) im allgemeinen temperaturabhängig. Mit (17.24) gilt dann:

$$\vec{\mathcal{D}} = \epsilon \vec{\mathcal{E}} \tag{17.25}$$

mit der **Dielektrizitätskonstanten**

$$\epsilon = \epsilon_0 (1 + \chi_e). \tag{17.26}$$

**Bemerkung**

(17.24) und (17.25) setzen ein isotropes Material voraus. Für anisotrope Medien ist $\chi_e$ bzw. $\epsilon$ durch einen Tensor $[\chi_e]_{ij}$ bzw. $\epsilon_{ij}$ zu ersetzen.

Für schnell oszillierende Felder erweist sich $\epsilon$ (bzw. die Responsefunktion $\chi_e$) als frequenzabhängig,

$$\epsilon = \epsilon(\omega). \tag{17.27}$$

**Beweis** Für $H_2O$ ist (bei $T = 20^0$ C) $\epsilon/\epsilon_0 \approx 40$, wenn man für $\omega$ die Frequenz der gelben $Na$-Linie wählt.

Die Frequenzabhängigkeit von $\epsilon(\omega)$ läßt sich an Hand des folgenden (sehr vereinfachten) Modells über die Struktur von Atomen und Molekülen verstehen: Wir nehmen an, daß die Elektronen in einem Atom oder Molekül gedämpfte harmonische Schwingungen (s. o.) ausführen. Dann lautet die Bewegungsgleichung für das $n$-te Elektron eines Atoms (oder Moleküls) unter dem Einfluß eines periodischen $\vec{\mathcal{E}}$-Feldes :

$$\frac{d^2}{dt^2}\mathbf{r}_n(t) + \gamma_n \frac{d}{dt}\mathbf{r}_n(t) + \omega_n^2 \mathbf{r}_n(t) = \frac{e}{M}\vec{\mathcal{E}}_0 \exp(-i\omega t). \tag{17.28}$$

Mit dem Ansatz

$$\mathbf{r}_n(t) = \mathbf{r}_n^0 \exp(-i\omega t) \tag{17.29}$$

(oder Fourier-Transformation) findet man als Lösung von (17.28)

$$\mathbf{r}_n(t) = \frac{e}{M(\omega_n^2 - \omega^2 - i\omega\gamma_n)} \vec{\mathcal{E}}_0 \exp(-i\omega t) \tag{17.30}$$

und daraus für das Dipolmoment

$$\mathbf{d} = \sum_{n=1}^{Z} e\mathbf{r}_n = \frac{e^2}{M}\vec{\mathcal{E}}_0 \exp(-i\omega t) \sum_{n=1}^{Z} \frac{1}{(\omega_n^2 - \omega^2 - i\omega\gamma_n)}, \tag{17.31}$$

wenn $Z$ Elektronen im Atom (Molekül) sind. Es folgt für die elektrische Suszeptibilität (mit $\vec{\mathcal{P}} = \chi_e\epsilon_0\vec{\mathcal{E}}$, $\vec{\mathcal{P}} = N\mathbf{d}$):

$$\chi_e(\omega) = \frac{Ne^2}{\epsilon_0 M} \sum_{n=1}^{Z} \frac{1}{(\omega_n^2 - \omega^2 - i\omega\gamma_n)}, \tag{17.32}$$

wobei $N$ die Zahl der Atome (Moleküle) pro Volumeneinheit ist.

Der Dämpfungsterm in (17.28) trägt pauschal der Tatsache Rechnung, daß die atomaren Oszillatoren durch Stöße zwischen den Atomen oder Molekülen Energie verlieren. Dies hat zur Folge, daß $\chi_e$ bzw. $\epsilon$ komplex werden. Als Beispiel werden wir im nächsten Kapitel die Absorption elektromagnetischer Wellen in Materie betrachten, wo der Imaginärteil von $\epsilon$ explizit verdeutlicht wird.

## 17.4 Para- und Diamagnetismus

Eine Magnetisierung $\vec{\mathcal{M}}$ kann (analog dem Fall der Polarisation $\vec{\mathcal{P}}$) auf folgende Weise entstehen:

1. **Orientierungsmagnetisierung (Paramagnetismus)**
   Permanente elementare magnetische Dipole werden in einem äußeren Magnetfeld gegen die thermische Bewegung ausgerichtet und führen zu einer makroskopischen Magnetisierung $\vec{\mathcal{M}}$. Ohne Magnetfeld sind die elementaren Dipolmomente $\mathbf{m}$ bzgl. ihrer Richtung statistisch verteilt und man erhält im makroskopischen Mittel $\vec{\mathcal{M}} = 0$.
2. **Induzierte Magnetisierung (Diamagnetismus)**
   Im Magnetfeld ändern sich die Bahnen der Elektronen, insbesondere ihr Drehimpuls. Eine solche Änderung des Drehimpulses ist nach (6.34) mit einer Änderung des magnetischen Dipolmoments des Atoms verbunden. Atome, die kein permanentes magnetisches Dipolmoment haben, erhalten also im äußeren Magnetfeld ein **induziertes** Dipolmoment. Seine Richtung ist durch die Richtung des äußeren Feldes gegeben (s. u.).

Die Magnetisierung $\vec{\mathcal{M}}$ hängt also im allgemeinen vom äußeren Feld und der Temperatur ab. Da das fundamentale Feld das $\vec{\mathcal{B}}$-Feld ist, sollten wir entsprechend (17.4) eigentlich

$$\vec{\mathcal{M}} = \vec{\mathcal{M}}[\vec{\mathcal{B}}, T] \tag{17.33}$$

betrachten. Es ist jedoch üblich, (17.33) durch

$$\vec{\mathcal{M}} = \vec{\mathcal{M}}[\vec{\mathcal{H}}, T] \tag{17.34}$$

zu ersetzen, da $\vec{\mathcal{H}}$ über die Stromdichte $\mathbf{j}_f$ praktisch leichter kontrollierbarer ist als $\vec{B}$.

**Bemerkung**

Im elektrischen Fall betrachtet man – im Einklang mit der mikroskopischen Theorie –

$$\vec{\mathcal{P}} = \vec{\mathcal{P}}[\vec{\mathcal{E}}, T], \tag{17.35}$$

da Potentialdifferenzen einfacher kontrollierbar sind als die freie Ladungsdichte $\rho_f$ und das damit verbundene $\vec{\mathcal{D}}$-Feld.

Für genügend schwache Felder und/oder hohe Temperaturen ist zu erwarten, daß

$$\vec{\mathcal{M}} = \chi_m \vec{\mathcal{H}} \tag{17.36}$$

eine gute Näherung von (17.34) ist; dabei ist $\chi_m$ die **magnetische Suszeptibilität.** Mit (17.36) und (15.22) wird dann:

$$\vec{B} = \mu \vec{\mathcal{H}} = \mu_0 \vec{\mathcal{H}} + \mu_0 \vec{\mathcal{M}}, \tag{17.37}$$

wobei die **Permeabilität** $\mu$ mit $\chi_m$ über

$$\mu = \mu_0(1 + \chi_m) \tag{17.38}$$

zusammenhängt.

Abschließend wollen wir das Zustandekommen des Diamagnetismus quantitativ näher formulieren. Als einfaches Modell betrachten wir ein an den Atomkern elastisch gebundenes Elektron unter dem Einfluß eines äußeren Magnetfeldes:

$$\frac{d^2}{dt^2}\mathbf{r}_n + \omega_n^2 \mathbf{r}_n = \frac{e}{M}\mathbf{v}_n \times \mathbf{B} = 2\vec{\omega}_L \times \frac{d}{dt}\mathbf{r}_n \tag{17.39}$$

mit der Abkürzung

$$\vec{\omega}_L = -\frac{e}{2M}\mathbf{B}. \tag{17.40}$$

Zur Lösung der Bewegungsgleichung (17.39) gehen wir zu einem mit der Winkelgeschwindigkeit $\vec{\omega}_L$ gegenüber dem Laborsystem $\Sigma$ rotierenden Koordinatensystem $\Sigma'$ über. Wegen

$$\mathbf{r} = \mathbf{r}'; \quad \frac{d}{dt}\mathbf{r} = \frac{d}{dt}\mathbf{r}' + (\vec{\omega}_L \times \mathbf{r}'); \quad \frac{d^2}{dt^2}\mathbf{r} = \frac{d^2}{dt^2}\mathbf{r}' + 2\left(\vec{\omega}_L \times \frac{d}{dt}\mathbf{r}'\right) + \vec{\omega}_L \times (\vec{\omega}_L \times \mathbf{r}')$$
$$\tag{17.41}$$

folgt dann aus (17.39):

$$\frac{d^2}{dt^2}\mathbf{r}' + \omega_n^2 \mathbf{r}'_n = \vec{\omega}_L \times (\vec{\omega}_L \times \mathbf{r}'_n). \tag{17.42}$$

Da im allgemeinen $\omega_n \gg \omega_L$ ist, erhalten wir näherungsweise

$$\frac{d^2}{dt^2}\mathbf{r}' + \omega_n^2 \mathbf{r}'_n \approx 0; \tag{17.43}$$

das Elektron **sieht** im rotierenden Koordinatensystem $\Sigma'$ das Magnetfeld (fast) nicht, es schwingt mit der ungestörten Frequenz $\omega_n$. Aus der Sicht des Laborsystems $\Sigma$ tritt dazu eine Rotation um die Richtung von $\mathbf{B}$ mit der **Lamor-Frequenz** $\omega_L$.

Entsprechend dieser Zerlegung der Bewegung teilen wir das magnetische Moment eines Atoms mit $Z$ Elektronen auf in 2 Anteile:

$$\begin{aligned}
\mathbf{m} &= \frac{e}{2M}\sum_{i=1}^{Z}(\mathbf{r}'_i \times \mathbf{p}'_i) + \frac{e}{2}\sum_{i=1}^{Z}\mathbf{r}'_i \times (\vec{\omega}_L \times \mathbf{r}'_i) \\
&= \frac{e}{2M}\sum_{i=1}^{Z}\mathbf{l}'_i - \frac{e^2}{4M}\sum_{i=1}^{Z}\left(\mathbf{B}r'^2_i - \mathbf{r}'_i(\mathbf{B}\cdot\mathbf{r}'_i)\right).
\end{aligned} \tag{17.44}$$

Der 1. Term in (17.44) liefert das permanente magnetische Dipolmoment; es ist von null verschieden, falls der Drehimpuls (hier: Bahndrehimpuls) des ungestörten Atoms $L' = \sum_i \mathbf{l}'_i \neq 0$ ist. Der 2. Term beschreibt das induzierte Moment $\mathbf{m}_{ind}$.

Zur Diskussion des induzierten Moments betrachten wir eine kugelsymmetrische Ladungsverteilung. Dann geben die Mischterme, z.B. $\sum_i x'_i y'_i$, in (17.44) keinen Beitrag; der Beitrag der verbleibenden quadratischen Terme läßt sich durch den mittleren Radius $\rho$ des Atoms ausdrücken. Man erhält:

$$\mathbf{m}_{ind} = -\frac{e^2}{4M}\mathbf{B}\sum_{i=1}^{Z}r'^2_i = -\frac{e^2}{6M}\rho^2\mathbf{B}. \tag{17.45}$$

Offensichtlich wirkt der Diamagnetismus ($\chi_m < 0$) dem Paramagnetismus ($\chi_m \geq 0$) entgegen. Atome mit $L' = 0$ sind diamagnetisch; erweist sich eine Substanz als paramagnetisch, so überwiegt der 1. Term in (17.44) den 2. Term.

**Bemerkung**

Atomkerne können auch einen Drehimpuls besitzen. Wegen (6.34) ist das damit verknüpfte Kern-Moment erheblich kleiner als das von den Elektronen erzeugte, da die Nukleonmasse $\approx 2000$ mal größer ist als die Elektronenmasse.

## 17.5    Temperaturabhängigkeit der Polarisation

Wir setzen homogene und isotrope Medien voraus; dann gilt für den Anteil der Polarisation, der von der Ausrichtung permanenter Dipole im $\vec{\mathcal{E}}$-Feld herrührt:

$$\vec{\mathcal{P}} = N < \mathbf{p} >_T, \tag{17.46}$$

wobei $N$ die Zahl der Atome pro Volumeneinheit ist und $< \mathbf{p} >_T$ sich durch Mittelung der Dipole mit Betrag $p$ bzgl. ihrer Richtung zum $\vec{\mathcal{E}}$-Feld bei gegebener Temperatur $T$ ergibt,

$$< \mathbf{p} >_T = \frac{\int d(\cos\theta)\,\cos\theta\,\exp(\xi\cos\theta)}{\int d(\cos\theta)\,\exp(\xi\cos\theta)}\, p \tag{17.47}$$

mit

$$\xi = \frac{p\mathcal{E}}{kT} \tag{17.48}$$

und $\theta$ als dem Winkel zwischen einem Dipol $\mathbf{p}$ und dem Feld $\vec{\mathcal{E}}$. Der Gewichtsfaktor

$$\exp(\xi\cos\theta) = \exp\left(\frac{\mathbf{p}\cdot\vec{\mathcal{E}}}{k_B T}\right) = \exp\left(-\frac{H_{int}}{k_B T}\right) \tag{17.49}$$

ist aus der Thermodynamik übernommen; er ist proportional zur Wahrscheinlichkeit, daß ein elementarer Dipol bei gegebener Temperatur $T$ mit dem Feld $\vec{\mathcal{E}}$ den Winkel $\theta$ bildet. Der Nenner in (17.47) sorgt für die richtige Normierung (siehe Thermodynamik); die Konstante $k_B$ bezeichnet die Boltzmann Konstante.

Die Auswertung der Integrale in (17.47) ergibt:

$$\mathcal{P} = Np\frac{\int_{-1}^{1} dz\,z\exp(\xi z)}{\int_{-1}^{1} dz\exp(\xi z)} = Np\frac{\exp(\xi) + \exp(-\xi) - 1/\xi(\exp(\xi) - \exp(-\xi))}{(\exp(\xi) - \exp(-\xi))} \tag{17.50}$$

$$= Np\left\{\coth\xi - \frac{1}{\xi}\right\}.$$

**Diskussion**

**Fall 1:** starke Felder, tiefe Temperaturen, d. h.

$$\xi \gg 1, \tag{17.51}$$

so daß– wie zu erwarten – mit

$$\mathcal{P} = Np\frac{\exp(\xi) + \exp(-\xi) - 1/\xi(\exp(\xi) - \exp(-\xi))}{(\exp(\xi) - \exp(-\xi))} \approx Np \tag{17.52}$$

der **Sättigungswert** erreicht wird.

**Fall 2:** schwache Felder, hohe Temperaturen, d. h.

$$\xi \ll 1, \tag{17.53}$$

so daß mit

$$\coth\xi = \frac{\cosh\xi}{\sinh\xi} \approx \frac{1 + 1/2\xi^2}{\xi(1 + 1/6\xi^2)} \approx \frac{1 + 1/2\xi^2 - 1/6\xi^2}{\xi} = \frac{1}{\xi} + \frac{\xi}{3} \tag{17.54}$$

folgt:

$$\mathcal{P} = \frac{Np\xi}{3} = \frac{Np^2}{3kT}\mathcal{E} = \chi_e\epsilon_0\mathcal{E}, \tag{17.55}$$

d. h. der in Gl. (17.24) diskutierte **lineare Bereich** mit der temperaturabhängigen elektrischen Suszeptibilität

$$\chi_e = \frac{Np^2}{3kT\epsilon_0}. \tag{17.56}$$

**Bemerkung**

Das obige Verfahren kann direkt auf die Behandlung des Paramagnetismus übertragen werden, indem man die Energie des Dipols $\mathbf{p}$ im $\vec{\mathcal{E}}$-Feld: $H_{int} = -\mathbf{p} \cdot \vec{\mathcal{E}}$, durch $H_{int} = -\mathbf{m} \cdot \vec{B}$ ersetzt, wobei $\mathbf{m}$ das (permanente) magnetische Dipolmoment ist.

Zusammenfassend haben wir einfache Modelle für Materialgleichungen in der Linear-Response Theorie untersucht und explizite Formeln für die Leitfähigkeit sowie die Temperaturabhängigkeit von elektrischen und magnetischen (permanenten) Dipolen in einem externen elektrischen oder magnetischen Feld abgeleitet.

# Verhalten des elektromagnetischen Feldes an Grenzflächen 18

## Inhaltsverzeichnis



In diesem Kapitel werden wir die Eigenschaften der makroskopischen Felder an Grenzflächen zwischen dem Vakuum und Dielektrika oder leitenden Materialien für lineare, isotrope Medien analysieren und insbesondere die Reflexion und Brechung von Licht untersuchen. Darüber hinaus werden wir die Ausbreitung elektromagnetischer Wellen in leitenden Materialien berechnen.

## 18.1 Allgemeine Stetigkeitsbedingungen

Aus den makroskopischen Maxwell-Gleichungen ergeben sich eine Reihe von Konsequenzen für das Verhalten der Felder an der Grenzfläche zwischen zwei Medien mit verschiedenen elektrischen und magnetischen Eigenschaften. Der Einfachheit halber sei im Folgenden angenommen, daß die Grenzfläche eben sei. Aussagen über die

1. **Normalkomponenten** von $\vec{B}$ und $\vec{D}$ erhalten wir aus

$$\nabla \cdot \vec{B} = 0; \qquad \nabla \cdot \vec{D} = \rho_f. \tag{18.1}$$

Dazu wenden wir den Gauß'schen Integralsatz auf das Volumen in Abb. 18.1 an:

Die Deckflächen ($F_1$, $F_2$) einer **Schachtel** mit Volumen $V$ und Oberfläche $F$ mögen symmetrisch zur Grenzfläche liegen; Größe und Gestalt der Deckflächen seien beliebig.


© Der/die Autor(en), exklusiv lizenziert an Springer Nature Switzerland AG 2025 173
W. Cassing, *Theoretische Physik kompakt II*,
https://doi.org/10.1007/978-3-031-96471-8_18

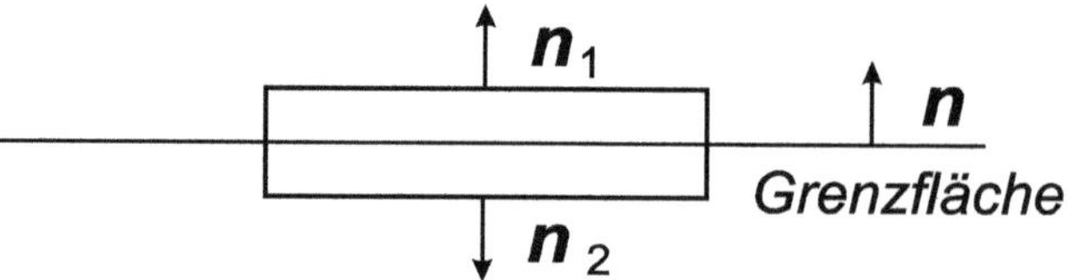


**Abb. 18.1** Endliches Volumen $V$ mit Höhe $h$ und beliebiger Breite, welches die Grenzfläche umschließt

Macht man die Höhe $h$ der Schachtel beliebig klein, so folgt aus (18.1):

$$\int_V \nabla \cdot \vec{B}\, dV = \int_F \vec{B} \cdot d\mathbf{f} = \int_{F_1} (\vec{B}_n^{(1)} - \vec{B}_n^{(2)})\, df = 0, \qquad (18.2)$$

da für die Flächennormalen gilt $\mathbf{n}_1 = \mathbf{n} = -\mathbf{n}_2$. Da $F_1$ beliebig gewählt werden kann, muß gelten:

$$\vec{B}_n^{(1)} = \vec{B}_n^{(2)}. \qquad (18.3)$$

Die Normalkomponente von $\vec{B}$ geht also stetig durch die Grenzfläche hindurch.

Analog folgt aus

$$\int_V \nabla \cdot \vec{D}\, dV = \int_F \vec{D} \cdot d\mathbf{f} = \int_{F_1} (\vec{D}_n^{(1)} - \vec{D}_n^{(2)})\, df = Q_f, \qquad (18.4)$$

für die Normalkomponente von $\vec{D}$:

$$\vec{D}_n^{(1)} - \vec{D}_n^{(2)} = \gamma_f, \qquad (18.5)$$

wenn $\gamma_f$ die Flächenladungsdichte der freien Ladungsträger in der Grenzfläche ist. Für Dielektrika mit $\gamma_f = 0$ ist die Normalkomponente von $\vec{D}$ stetig; dagegen springt $\vec{D}_n$ beim Übergang Leiter - Nichtleiter um $\gamma_f$.

2. **Tangentialkomponenten** von $\vec{\mathcal{E}}$ und $\vec{\mathcal{H}}$. Wir benutzen:

$$\nabla \times \vec{\mathcal{E}} = -\frac{\partial \vec{B}}{\partial t}; \qquad \nabla \times \vec{\mathcal{H}} = -\frac{\partial \vec{D}}{\partial t} + \mathbf{j}_f, \qquad (18.6)$$

und wenden den Integralsatz von Stokes auf die Rechteckschleife in Abb. 18.2 an:

Eine Rechteckschleife $S$ habe Kanten der Länge $L$ parallel zur Grenzfläche und der Länge $h$ senkrecht dazu. Dann gilt bei Integration über die in $S$ eingespannte ebene Fläche $F$ im Limes $h \to 0$:

**Abb. 18.2** Rechteckschleife der Läge $L$ und Höhe $h$ welche die Grenzfläche umschließt

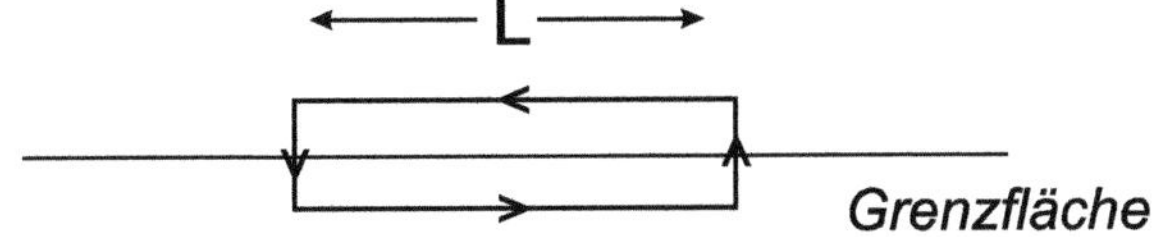


$$\int_F (\nabla \times \vec{\mathcal{E}}) \cdot d\mathbf{f} = \oint_S \vec{\mathcal{E}} \cdot d\mathbf{s} = \int_0^L ds \, (\vec{\mathcal{E}}_t^{(1)} - \vec{\mathcal{E}}_t^{(2)}) = 0, \tag{18.7}$$

da mit $h \to 0$ der Inhalt der Fläche $F$ verschwindet, so daß:

$$\int_F \left( \frac{\partial \vec{\mathcal{B}}}{\partial t} \right) \cdot d\mathbf{f} \to 0 \qquad \text{für } h \to 0. \tag{18.8}$$

Da $L$ in (18.7) beliebig gewählt werden kann, folgt die Stetigkeit der Tangentialkomponente von $\vec{\mathcal{E}}$:

$$\vec{\mathcal{E}}_t^{(1)} = \vec{\mathcal{E}}_t^{(2)}. \tag{18.9}$$

Ganz analog ergibt die 2. Gleichung von (18.6)

$$\int_0^l ds \, (\vec{\mathcal{H}}_t^{(1)} - \vec{\mathcal{H}}_t^{(2)}) = I_f, \tag{18.10}$$

wenn $I_f$ die Stromstärke der in der Grenzfläche fließenden (freien) Ströme ist, senkrecht zur Tangentialkomponente $\vec{\mathcal{H}}_t$ von $\vec{\mathcal{H}}$.
Mit der Darstellung

$$I_f = \int_0^l i_f \, dl \tag{18.11}$$

folgt aus (18.10) wie oben

$$\vec{\mathcal{H}}_t^{(1)} - \vec{\mathcal{H}}_t^{(2)} = i_f; \tag{18.12}$$

dabei ist $i_f$ die Flächenstromdichte in der Grenzfläche senkrecht zu $\vec{\mathcal{H}}_t$.
   Wir untersuchen die obigen Resultate nun für:

## 18.2　Lineare, isotrope Medien

Falls

$$\vec{\mathcal{B}} = \mu \vec{\mathcal{H}}; \quad \vec{\mathcal{D}} = \epsilon \vec{\mathcal{E}} \tag{18.13}$$

gilt, findet man aus (18.3), (18.5), (18.9) und (18.12):

$$\mu_1 \vec{\mathcal{H}}_n^{(1)} = \mu_2 \vec{\mathcal{H}}_n^{(2)}; \quad \frac{\vec{\mathcal{D}}_t^{(1)}}{\epsilon_1} = \frac{\vec{\mathcal{D}}_t^{(2)}}{\epsilon_2} \tag{18.14}$$

und

$$\epsilon_1 \vec{\mathcal{E}}_n^{(1)} - \epsilon_2 \vec{\mathcal{E}}_n^{(2)} = \gamma_f; \quad \frac{\vec{\mathcal{B}}_t^{(1)}}{\mu_1} - \frac{\vec{\mathcal{B}}_t^{(2)}}{\mu_2} = i_f. \tag{18.15}$$

Gilt das Ohm'sche Gesetz,

$$\mathbf{j}_f = \sigma \vec{\mathcal{E}}, \tag{18.16}$$

so folgt aus (18.9) ($\vec{\mathcal{E}}_t^{(1)} = \vec{\mathcal{E}}_t^{(2)}$) für die Tangentialkomponente von $\mathbf{j}_f$:

$$\frac{\mathbf{j}_{ft}^{(1)}}{\sigma_1} = \frac{\mathbf{j}_{ft}^{(2)}}{\sigma_2}. \tag{18.17}$$

Für die Normalkomponente folgt über die Kontinuitätsgleichung:

$$\nabla \cdot \mathbf{j}_f + \frac{\partial \rho_f}{\partial t} = 0 \tag{18.18}$$

bei Anwendung des Gauß'schen Satzes (wie unter 1.)

$$j_{fn}^{(1)} - j_{fn}^{(2)} = -\frac{\partial \gamma_f}{\partial t}. \tag{18.19}$$

Speziell für stationäre Ströme folgt aus

$$\nabla \cdot \mathbf{j}_f = 0 \tag{18.20}$$

die Stetigkeit der Normalkomponenten

$$\mathbf{j}_{fn}^{(1)} = \mathbf{j}_{fn}^{(2)}. \tag{18.21}$$

**Beispiel:** Übergang Leiter (1) - Nichtleiter (2)
Da im Nichtleiter kein Strom fließen kann, folgt aus (18.21)

$$\mathbf{j}_{fn}^{(1)} = \mathbf{j}_{fn}^{(2)} = 0, \tag{18.22}$$

und damit über (18.16)

$$\vec{\mathcal{E}}_n^{(1)} = 0, \tag{18.23}$$

da $\sigma_1 \neq 0$. Dagegen folgt für $\vec{\mathcal{E}}_n^{(2)}$ aus (18.15):

$$\epsilon_2 \mathcal{E}_n^{(2)} = -\gamma_f. \tag{18.24}$$

Insbesondere für die Elektrostatik ist wegen $\mathbf{j}_f = 0$ auch

$$\vec{\mathcal{E}}_t^{(1)} = 0; \tag{18.25}$$

dann fordert (18.9)

$$\vec{\mathcal{E}}_t^{(2)} = 0, \tag{18.26}$$

also steht das $\vec{\mathcal{E}}$-Feld senkrecht zur Leiteroberfläche; es ist null innerhalb des Leiters.

## 18.3 Reflexion und Brechung von Licht

Bei Abwesenheit freier Ladungen ($\rho_f = 0$) lauten die Maxwell-Gleichungen:

$$\nabla \cdot \vec{\mathcal{B}} = 0; \qquad \nabla \cdot \vec{\mathcal{D}} = 0 \tag{18.27}$$

und

$$\nabla \times \vec{\mathcal{E}} = -\frac{\partial \vec{\mathcal{B}}}{\partial t}; \qquad \nabla \times \vec{\mathcal{H}} = \frac{\partial \vec{\mathcal{D}}}{\partial t}. \tag{18.28}$$

Sie vereinfachen sich mit der Annahme linearer, isotroper Medien

$$\vec{\mathcal{B}} = \mu \vec{\mathcal{H}}; \qquad \vec{\mathcal{D}} = \epsilon \vec{\mathcal{E}}, \tag{18.29}$$

zu

$$\nabla \cdot \vec{\mathcal{H}} = 0; \qquad \nabla \cdot \vec{\mathcal{E}} = 0 \tag{18.30}$$

und

$$\nabla \times \vec{\mathcal{E}} = -\mu \frac{\partial \vec{\mathcal{H}}}{\partial t}; \qquad \nabla \times \vec{\mathcal{H}} = \epsilon \frac{\partial \vec{\mathcal{E}}}{\partial t}. \tag{18.31}$$

Wie in Kap. 10 lassen sich die Gl. (18.31) unter Beachtung von (18.30) entkoppeln. Man erhält die Wellengleichungen

$$\Delta \vec{\mathcal{E}} - \frac{1}{c'^2} \frac{\partial^2}{\partial t^2} \vec{\mathcal{E}} = 0; \qquad \Delta \vec{\mathcal{H}} - \frac{1}{c'^2} \frac{\partial^2}{\partial t^2} \vec{\mathcal{H}} = 0, \tag{18.32}$$

wobei $c'$ die Phasengeschwindigkeit im Medium ist (vgl. Abschn. 10.3):

$$\frac{1}{c'^2} = \epsilon \mu. \tag{18.33}$$

Da wir im folgenden das Verhalten des elektromagnetischen Feldes an ebenen Grenzflächen untersuchen wollen, betrachten wir spezielle Lösungen von (18.32) in Form ebener Wellen:

$$\vec{\mathcal{E}} = \vec{\mathcal{E}}_0 \, \exp\{i(\mathbf{k} \cdot \mathbf{r} - \omega t)\}, \tag{18.34}$$

wobei zwischen $\omega$ und $\mathbf{k}$ die Beziehung

$$\omega = kc' \tag{18.35}$$

gelten muß. Wie in Kap. 10 findet man, daß $\vec{\mathcal{E}}$, $\vec{\mathcal{H}}$ und $\mathbf{k}$ senkrecht zueinander stehen.

Gl. (18.35) unterscheidet sich von (10.23) dadurch, daß dort $c$ eine Konstante ist, während $c'$ von $\omega$ abhängt, da $\epsilon = \epsilon(\omega)$. Die Komponenten verschiedener Frequenz $\omega$ in einem Wellenpaket laufen also mit verschiedener Geschwindigkeit $c' = c'(\omega)$, das Wellenpaket behält seine Form im Laufe der Zeit nicht bei (**Zerfließen** von Wellenpaketen; vgl. Abschn. 10.3).

**Bemerkung**

Je nach Verlauf von $\epsilon(\omega)$ kann $c' > c$ werden. Dies bedeutet keinen Widerspruch zur Relativitätstheorie, da die **Phasengeschwindigkeit** $v_{ph}$ nicht identisch ist mit der **Gruppengeschwindigkeit**

$$v_g = \left( \frac{d\omega}{dk} \right)_{k=k_0} \tag{18.36}$$

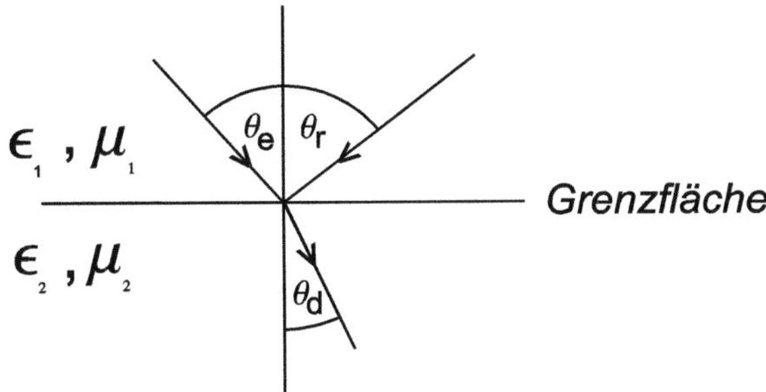


**Abb. 18.3** Geometrie für Licht-Refexion und -Transmisson an einer ebenen Grenzfläche

eines Wellenpaketes, dessen Amplitude auf die Umgebung der Wellenzahl $k_0$ konzentriert ist; der Energietransport in einem solchen Wellenpaket ist durch $v_g$ und nicht durch $v_{ph}$ bestimmt.

Wir untersuchen nun das Verhalten einer Lichtwelle, beschrieben durch (18.34), an einer ebenen Grenzfläche (siehe Abb. 18.3):

Aus der Stetigkeit der Tangentialkomponente von $\vec{\mathcal{E}}$ (18.9) ($\vec{\mathcal{E}}_t^{(1)} = \vec{\mathcal{E}}_t^{(1)}$) folgt

$$\vec{\tau} \cdot (\vec{\mathcal{E}}_e + \vec{\mathcal{E}}_r) = \vec{\tau} \cdot \vec{\mathcal{E}}_d \qquad (18.37)$$

für alle Zeiten $t$ und alle Vektoren $\mathbf{r}$ der Grenzfläche; $\vec{\tau}$ sei dabei ein Einheitsvektor parallel zur Grenzfläche, $\vec{\mathcal{E}}_e, \vec{\mathcal{E}}_r$ und $\vec{\mathcal{E}}_d$ bezeichnen die elektrische Feldstärke der einfallenden, reflektierten und durchgehenden Lichtwelle. Legt man den Koordinatenursprung in die Grenzfläche, so folgt aus (18.37) und (18.34) für $\mathbf{r} = 0$ die Erhaltung der Frequenz,

$$\omega_e = \omega_r = \omega_d. \qquad (18.38)$$

Andererseits für $t=0$ ergibt sich aus der Phasengleichheit

$$\mathbf{k}_e \cdot \mathbf{r} = \mathbf{k}_r \cdot \mathbf{r} = \mathbf{k}_d \cdot \mathbf{r} \qquad (18.39)$$

die **Koplanarität** von $\mathbf{k}_e$, $\mathbf{k}_r$ und $\mathbf{k}_d$, d.h. alle $\mathbf{k}$-Vektoren müssen in einer Ebene liegen. Zum Beweis dieser Aussage wählt man speziell $\mathbf{r} = \mathbf{r}_0$ so, daß $\mathbf{k}_e \cdot \mathbf{r}_0 = 0$; so müssen gemäß (18.39) alle 3 Vektoren $\mathbf{k}_e$, $\mathbf{k}_r$ und $\mathbf{k}_d$ senkrecht zu $\mathbf{r}_0$ sein, was nur möglich ist, wenn $\mathbf{k}_e$, $\mathbf{k}_r$ und $\mathbf{k}_d$ in einer Ebene liegen. Dann folgt aus (18.39),

$$k_e \sin \theta_e = k_r \sin \theta_r, \tag{18.40}$$

mit der Frequenzerhaltung (18.38) ($\omega_e = \omega_r$), $k_e = k_r$, das

**Reflexionsgesetz:**
$$\theta_e = \theta_r. \tag{18.41}$$

Ebenfalls aus (18.38) ($\omega_e = \omega_d$) ergibt sich:

$$\frac{k_e}{k_d} = \frac{\sqrt{\epsilon_1 \mu_1}}{\sqrt{\epsilon_2 \mu_2}} = \frac{n_1}{n_2}, \tag{18.42}$$

und mit (18.39) das

**Brechungsgesetz:**
$$\frac{\sin \theta_e}{\sin \theta_d} = \frac{k_d}{k_e} = \frac{n_2}{n_1}. \tag{18.43}$$

Wertet man die in (18.37) noch enthaltenen Bedingungen für die Amplituden aus, so erhält man die **Fresnel'schen Formeln**, das **Brewster'sche Gesetz** (Erzeugung linear polarisierten Lichts) und die **Totalreflexion** (Faser-Optik).

**Bemerkung**

Nach (17.32) ist $\epsilon(\omega)$ im allgemeinen komplex, also auch $k$ komplex. Eine elektromagnetische Welle wird also im Medium geschwächt (Absorption).

## 18.4   Ausbreitung elektromagnetischer Wellen in leitenden Materialien

Wir betrachten einen Ohm'schen Leiter mit ebener Grenzfläche und Oberflächenladung $\sigma$. Dafür lauten die Maxwell-Gleichungen:

$$\nabla \cdot \vec{\mathcal{H}} = 0; \quad \nabla \cdot \vec{\mathcal{E}} = 0; \quad \nabla \times \vec{\mathcal{H}} - \epsilon \frac{\partial \vec{\mathcal{E}}}{\partial t} - \sigma \vec{\mathcal{E}} = 0; \quad \nabla \times \vec{\mathcal{E}} + \mu \frac{\partial \vec{\mathcal{H}}}{\partial t} = 0. \tag{18.44}$$

Solange kein Ladungsstau auftritt, ist die Flächenladungsdichte $\rho_f = 0$ (vgl. Abschn. 4.2), obwohl

$$\mathbf{j}_f = \sigma \vec{\mathcal{E}} \neq 0. \tag{18.45}$$

Als Lösung von (18.44) setzen wir an:

$$\vec{\mathcal{E}} = \vec{\mathcal{E}}_0 \exp\{i(\mathbf{k} \cdot \mathbf{r} - \omega t)\}, \tag{18.46}$$

ebenso für $\vec{\mathcal{H}}$ und finden mit (18.44):

$$\vec{\mathcal{H}} = \frac{1}{\mu\omega}(\mathbf{k} \times \vec{\mathcal{E}}); \quad i(\mathbf{k} \times \vec{\mathcal{H}}) + i\epsilon\omega\vec{\mathcal{E}} - \sigma\vec{\mathcal{E}} = 0. \tag{18.47}$$

Eliminiert man im letzten Ausdruck $\vec{\mathcal{E}}$ oder $\vec{\mathcal{H}}$, so folgt:

$$k^2 = \omega^2 \mu\epsilon \left(1 + i\frac{\sigma}{\omega\epsilon}\right), \tag{18.48}$$

wenn man die aus (18.44) folgende Transversalität von $\vec{\mathcal{E}}$ und $\vec{\mathcal{H}}$ beachtet ($\vec{\mathcal{E}} \cdot \vec{\mathcal{H}} = 0$). Setzt man

$$k = \alpha + i\beta; \quad \alpha, \beta \text{ reell}, \tag{18.49}$$

so folgt mit

$$k^2 = \alpha^2 - \beta^2 + 2i\alpha\beta, \tag{18.50}$$

daß:

$$\alpha^2 - \beta^2 = \mu\epsilon\omega^2; \quad 2\alpha\beta = \mu\omega\sigma. \tag{18.51}$$

Eliminiert man in der 1. Gleichung $\alpha = \mu\omega\sigma/(2\beta)$ mit Hilfe der 2. Gleichung, so entsteht:

$$\beta^4 - \frac{1}{4}(\mu\omega\sigma)^2 + \beta^2\mu\epsilon\omega^2 = 0. \tag{18.52}$$

Da $\beta$ reell sein soll, kommt als Lösung nur in Frage:

$$\beta^2 = \frac{\mu\epsilon\omega^2}{2}\left(\sqrt{1 + \left(\frac{\sigma}{\epsilon\omega}\right)^2} - 1\right); \tag{18.53}$$

dazu gehört

$$\alpha^2 = \beta^2 + \mu\epsilon\omega^2 = \frac{\mu\epsilon\omega^2}{2}\left(\sqrt{1 + \left(\frac{\sigma}{\epsilon\omega}\right)^2} + 1\right). \qquad (18.54)$$

Für $\sigma \to 0$ folgt:

$$\beta \to 0; \qquad \alpha^2 \to \mu\epsilon\omega^2 \qquad (18.55)$$

in Einklang mit (18.35). Da $\mu\omega\sigma \geq 0$, müssen $\alpha$ und $\beta$ nach (18.51) gleiches Vorzeichen haben. Für $\beta \neq 0$ (d. h. $\sigma \neq 0$) wird eine auf eine Metalloberfläche einfallende Lichtwelle im Metall exponentiell gedämpft; für eine in positiver $x$-Richtung laufende ebene Welle wird

$$\exp\{i(kx - \omega t)\} = \exp\{i(\alpha x - \omega t)\}\,\exp\{-\beta x\}, \qquad (18.56)$$

wobei mit $\alpha > 0$ auch $\beta > 0$ sein muß.

**Grenzfälle**

1. Bei hoher Leitfähigkeit ($\sigma \to \infty$) wird die Lichtwelle praktisch total reflektiert, da die **Eindringtiefe** $d \sim \beta^{-1}$ verschwindet.
2. Für hohe Frequenzen ($\omega \to \infty$) ist zu beachten, daß $\sigma$ gemäß (17.22) frequenzabhängig ist: $\sigma$ wird für $\omega \to \infty$ rein imaginär, also $k^2$ in (18.48) reell; das Material wird **durchsichtig.** Diesen Effekt kann man mit **harter** Röntgenstrahlung nachweisen. Allerdings bedeutet dieser Sachverhalt, daß man harte Röntgenstrahlung schlecht 'fokussieren' kann.

Als Folge der Dämpfung $\beta$ können wegen (18.45) Wechselströme nur in einer Oberflächenschicht des Leiters fließen, deren Dicke durch $\beta^{-1}$ bestimmt ist (**Skin-Effekt**).

Zusammenfassend haben wir in diesem Kapitel die Eigenschaften der makroskopischen Felder an Grenzflächen zwischen dem Vakuum und Dielektrika oder leitenden Materialien für lineare, isotrope Medien analysiert und insbesondere die Reflexion und Brechung von Licht an Grenzflächen untersucht. Darüber hinaus haben wir die Ausbreitung elektromagnetischer Wellen in leitenden Materialien berechnet und den Skin-Effekt abgeleitet.

# Teil VI

# Relativistische Formulierung der Elektrodynamik

# Kovarianz der Elektrodynamik 19

## Inhaltsverzeichnis



Wir wollen im Folgenden zeigen, daß die Grundgleichungen der Elektrodynamik in allen Inertialsystemen die gleiche Form haben (**Kovarianz der Elektrodynamik**) und damit dem Relativitätsprinzip genügen. Zur Vorbereitung untersuchen wir die mathematische Struktur der Lorentz-Transformationen, definieren die Vierer-Stromdichte, das Vierer-Potential und zeigen die Lorentz-Invarianz der Wellengleichungen. Weiterhin wird die Transformation der Felder $\mathbf{E}$ und $\mathbf{B}$ mit Hilfe des Feldstärke-Tensors berechnet.

## 19.1  Lorentz-Gruppe

Zunächst soll gezeigt werden, daß die Lorentz-Transformation als orthogonale komplexe Transformation in einem 4-dimensionalen pseudo-euklidischen Vektorraum (**Minkowski-Raum**) aufgefaßt werden kann. Dazu führen wir folgende Koordinaten ein:

$$x_0 = ict, \qquad x_1 = x, \qquad x_2 = y, \qquad x_3 = z, \tag{19.1}$$

womit sich das Längenquadrat eines Raum-Zeit-Vektors in verschiedenen Bezugssystemen $\Sigma$ und $\Sigma'$ schreiben läßt als:

$$\sum_{\mu=0}^{3} x_\mu^2 = \sum_{\mu=0}^{3} x_\mu'^2 . \tag{19.2}$$

Die allgemeine Lorentz-Transformation

$$x_\mu' = \sum_{\nu=0}^{3} a_{\mu\nu} x_\nu; \qquad \mu = 0, 1, 2, 3 \tag{19.3}$$

muß die **Länge** des Vektors $(x_0, x_1, x_2, x_3)$ invariant lassen:

$$\sum_{\mu=0}^{3} x_\mu^2 = \mathbf{r}^2 - c^2 t^2 = \text{const.} \tag{19.4}$$

In Analogie zum 3-dimensionalen euklidischen Raum kann man diese Bedingung als Orthogonalitätsrelation für die Transformationskoeffizienten $a_{\mu\nu}$ schreiben:

$$\sum_{\nu=0}^{3} a_{\mu\nu}^T a_{\nu\lambda} = \delta_{\mu\lambda}, \tag{19.5}$$

wo $a^T$ die zu $a$ transponierte Matrix ist. Gl. (19.5) folgt aus:

$$\sum_{\mu} (x_\mu')^2 = \sum_{\mu} \sum_{\nu\nu'} a_{\mu\nu} a_{\mu\nu'} x_\nu x_{\nu'} = \sum_{\nu\nu'} \left\{ \sum_{\mu} a_{\nu\mu}^T a_{\mu\nu'} \right\} x_\nu x_{\nu'} = \sum_{\nu\nu'} \delta_{\nu\nu'} x_\nu x_{\nu'} = \sum_{\nu} x_\nu^2 . \tag{19.6}$$

Für eine Lorentz-Transformation in $x_1$-Richtung mit Geschwindigkeit $\beta = v/c$ hat die Transformationsmatrix $a_{\mu\nu}$ die spezielle Gestalt

$$a_{\mu\nu} = \begin{pmatrix} \gamma & -i\gamma\beta & 0 & 0 \\ i\gamma\beta & \gamma & 0 & 0 \\ 0 & 0 & 1 & 0 \\ 0 & 0 & 0 & 1 \end{pmatrix} \tag{19.7}$$

mit $\gamma^2 = 1/(1 - \beta^2)$. Die in (19.7) enthaltene Auszeichnung der $x_1$-Achse läßt sich beheben, indem man (19.7) mit einer orthogonalen Transformation im 3 dim Raum in

Form einer Drehung kombiniert. Grundlage dafür ist die Gruppeneigenschaft der Lorentz-Transformationen:

1) Führt man 2 Lorentz-Transformationen nacheinander aus,

$$x'_\mu = \sum_\nu a_{\mu\nu} x_\nu; \qquad x''_\rho = \sum_\nu a'_{\rho\nu} x'_\nu; \qquad (\Sigma \rightarrow \Sigma' \rightarrow \Sigma''), \tag{19.8}$$

so ist das Ergebnis

$$x''_\rho = \sum_{\nu,\mu} a'_{\rho\nu} a_{\nu\mu} x_\mu = \sum_\mu a''_{\rho\mu} x_\mu; \qquad (\Sigma \rightarrow \Sigma'') \tag{19.9}$$

wieder eine Lorentz-Transformation, denn für die Matizen $a''$, $a'$ und $a$ gilt:

$$(a'')^T a'' = (a'a)^T (a'a) = a^T (a'^T a')a = a^T a = 1_4, \tag{19.10}$$

da nach Voraussetzung

$$a^T a = 1_4; \qquad (a')^T a' = 1_4 \tag{19.11}$$

ist mit $1_4$ als der $4 \times 4$ Einheitsmatrix.

> Die Verknüpfung zwischen den Elementen der Gruppe ist die $(4 \times 4)$ Matrix-Multiplikation.

2. Das neutrale Element ist die $1_4$-Matrix für Lorentz-Transformationen mit Geschwindigkeit $v = 0$.
3. Zu jeder Transformation $a$ gibt es eine inverse, da aus (19.5) folgt:

$$\det(a^T a) = (\det(a))^2 = 1, \tag{19.12}$$

also gilt:

$$\det(a) \neq 0. \tag{19.13}$$

4. Da die Matrix-Multiplikation assoziativ ist, gilt für Lorentz-Transformationen auch das Assoziativ-Gesetz.

Die orthogonalen Transformationen im 3 dim. Raum (Drehungen und Spiegelungen) bilden eine Untergruppe der Lorentz-Gruppe, dargestellt durch

$$d_{\mu\nu} = \begin{pmatrix} 1 & 0 \\ 0 & d_{ik} \end{pmatrix} \qquad (19.14)$$

mit $i, k = 1,2,3$ und

$$\sum_{m=1}^{3} d_{im}d_{mj} = \delta_{ij}. \qquad (19.15)$$

Die allgemeine Lorentz-Transformation (19.3) mit der Bedingung (19.5) erhält man durch Kombination von (19.7) mit (19.14), (19.15) und Hinzunahme der **Zeitumkehr**

$$x_i' = x_i; \qquad x_0' = -x_0; \qquad i = 1, 2, 3. \qquad (19.16)$$

Die Lorentz-Transformationen umfassen also: Drehungen im 3 dim. Raum, Raum-Spiegelungen und Zeitumkehr sowie den Übergang zwischen Inertialsystemen, die sich mit konstanter Geschwindigkeit relativ zueinander bewegen.

**Ergänzung:** Bei einer Translation im Raum oder in der Zeit ändert sich die Bedingung (19.2) nicht, da sie nur räumliche und zeitliche Abstände enthält. Die oben besprochene Gruppe der **homogenen** Lorentz-Transformationen können wir also noch durch **Translationen in Raum und Zeit** ergänzen. Man erhält dann die 10-parametrige **Poincaré-Gruppe,** welche 3 Parameter für räumliche Drehungen, 3 Parameter für Lorentz-boosts mit der Geschwindigkeit **v** und 4 Parameter für raum-zeitliche Translationen enthält. **Sie wird heute als die aller Physik zugrundeliegende Invarianz-Gruppe angesehen.**

## 19.2  Lorentz-Gruppe (Vierer-Tensoren)

Analog dem Fall der Gruppe der Drehungen definieren wir nun Tensoren bzgl. der Lorentzgruppe:

1. **Lorentz-Skalar**

   Wir nennen eine Größe $\Psi$ einen **Lorentz-Skalar,** wenn $\Psi$ sich unter Lorentz-Transformationen nicht ändert,

$$\Psi \to \Psi' = \Psi. \qquad (19.17)$$

   Ein Beispiel dafür ist die elektrische Ladung (vgl. Abschn. 2.1).

2. **Lorentz-Vektor**

   Wir definieren einen **Lorentz- oder Vierer-Vektor** dadurch, daß sich bei Lorentz-Transformationen seine Komponenten $A_\mu$ wie die Komponenten $x_\mu$ transformieren

$$A_\mu \to A_\mu' = \sum_\nu a_{\mu\nu}A_\nu. \qquad (19.18)$$

**Beispiele**

i) Die partiellen Ableitungen eines Lorentz-Skalars $\Psi$ nach den $x_\mu$ bilden die Komponenten eines Vierer-Vektors, denn:

$$\frac{\partial \Psi'}{\partial x'_\mu} = \sum_\nu \frac{\partial \Psi}{\partial x_\nu} \frac{\partial x_\nu}{\partial x'_\mu} = \sum_\nu a_{\mu\nu} \frac{\partial \Psi}{\partial x_\nu}. \tag{19.19}$$

Dabei wurde die Umkehrformel zu (19.3),

$$x_\nu = \sum_\rho a_{\rho\nu} x'_\rho = \sum_\rho a^T_{\nu\rho} x'_\rho, \tag{19.20}$$

benutzt.

ii) Die **4-Divergenz** eines Vierer-Vektors ist ein Vierer-Skalar:

$$\sum_\nu \frac{\partial A'_\nu}{\partial x'_\nu} = \sum_\nu \sum_{\mu,\mu'} a_{\nu\mu} a_{\nu\mu'} \frac{\partial A_\mu}{\partial x_{\mu'}} = \sum_\mu \frac{\partial A_\mu}{\partial x_\mu} \tag{19.21}$$

bei Beachtung von (19.5).

iii) Wählt man als Komponenten des Vierer-Vektors gemäß (19.18)

$$A_\mu = \frac{\partial \Psi}{\partial x_\mu}, \tag{19.22}$$

so folgt aus (19.21):

$$\sum_\nu \frac{\partial^2}{\partial x_\nu^2} \Psi = \sum_\nu \frac{\partial^2}{\partial x'^2_\nu} \Psi'. \tag{19.23}$$

Der Operator

$$\Box = \sum_\mu \frac{\partial^2}{\partial x_\mu^2}$$

ist also invariant unter Lorentz-Transformationen.

Daher transformiert sich für einen Vierer-Vektor mit den Komponenten $A_\mu$ die Größe

$$\sum_\nu \frac{\partial^2}{\partial x_\nu^2} A_\mu = \Box A_\mu \qquad (19.24)$$

wie die $\mu$-te Komponente eines Vierervektors.

iv) Das Skalarprodukt zweier Vierer-Vektoren ist ein Vierer-Skalar:

$$\sum_\mu A'_\mu B'_\mu = \sum_{\nu,\rho} \left(\sum_\mu a_{\mu\rho} a_{\mu\nu}\right) A_\rho B_\nu = \sum_{\nu,\rho} \delta_{\nu\rho} A_\rho B_\nu = \sum_\nu A_\nu B_\nu. \qquad (19.25)$$

3. **Lorentz-Tensoren 2. Stufe**

Außer den Skalaren (= Tensoren 0. Stufe) und den Vektoren (= Tensoren 1. Stufe) werden wir noch auf Tensoren 2. Stufe treffen. Sie sind definiert als $4 \times 4$-Matrizen, deren Komponenten $F_{\mu\nu}$ die Transformationseigenschaft

$$F'_{\mu\nu} = \sum_{\lambda,\sigma} a_{\mu\lambda} a_{\nu\sigma} F_{\lambda\sigma} = \sum_{\lambda,\sigma} a_{\mu\lambda} F_{\lambda\sigma} a_{\sigma\nu}^T \qquad (19.26)$$

besitzen.

## 19.3  Viererstromdichte

Um die Kovarianz der Elektrodynamik zu beweisen, untersuchen wir zunächst das Transformationsverhalten der **Quellen j** und $\rho$ des elektromagnetischen Feldes. Als Ausgangspunkt dient die Ladungserhaltung:

$$\nabla \cdot \mathbf{j} + \frac{\partial \rho}{\partial t} = 0. \qquad (19.27)$$

Mit den Bezeichnungen

$$j_0 = ic\rho; \qquad j_1 = j_x; \qquad j_2 = j_y; \qquad j_3 = j_z \qquad (19.28)$$

können wir die Kontinuitätsgleichung (19.27) in Vierer-Notation schreiben als

$$\sum_{\mu} \frac{\partial}{\partial x_{\mu}} j_{\mu} = 0.\tag{19.29}$$

Wegen der Ladungsinvarianz muß (19.29) in jedem Inertialsystem gelten; (19.29) ist invariant unter Lorentz-Transformationen. Dann sind nach (19.21) $j_{\mu}$ die Komponenten eines Vierer-Vektors, der **Vierer-Stromdichte.**

Davon wollen wir uns für einen einfachen Fall direkt überzeugen: Wir betrachten eine im System $\Sigma'$ ruhende Ladungsverteilung:

$$j_0' = ic\rho_0, \qquad j_1' = j_2' = j_3' = 0.\tag{19.30}$$

Als Komponenten eines Vierer-Vektors müssen sich die $j_{\mu}'$ unter der Lorentz-Transformation mit Geschwindigkeit $\beta = v/c$ in $x_1$-Richtung

$$x_0 = \gamma(i\beta x_1' + x_0'); \qquad x_1 = \gamma(x_1' - i\beta x_0'); \qquad x_2 = x_2'; \qquad x_3 = x_3',\tag{19.31}$$

transformieren wie

$$j_0 = ic\gamma\rho_0; \qquad j_1 = \gamma\rho_0 v; \qquad j_2 = 0; \qquad j_3 = 0.\tag{19.32}$$

Ein Vergleich mit (19.28) ergibt:

$$\rho = \gamma\rho_0.\tag{19.33}$$

Nun wissen wir, daß ein in $\Sigma'$ ruhendes Volumenelement $dV_0$ für einen Beobachter in $\Sigma$ die Größe

$$dV = \frac{dV_0}{\gamma}\tag{19.34}$$

aufgrund der Längenkontraktion hat. Die Ladungsinvarianz,

$$\int_V \rho \, dV = \int \gamma\rho_0 \frac{dV_0}{\gamma} = \int \rho_0 dV_0\tag{19.35}$$

zeigt also, daß $ic\rho$ tatsächlich als 0.te Komponente eines Vierer-Vektors angesehen werden kann. Weiter ist mit (19.33)

$$j_1 = \rho v\tag{19.36}$$

in Übereinstimmung mit der Definition der (gewöhnlichen) Stromdichte; die Komponenten von **j** sind also die 1,2,3-Komponenten eines Vierer-Vektors.

## 19.4 Vierer-Potential

Um das Transformationsverhalten des Vektorpotentials $\mathbf{A}$ und des skalaren Potentials $\Phi$ zu finden, arbeiten wir zweckmäßigerweise in der Lorentz-Eichung

$$\nabla \cdot \mathbf{A} + \frac{1}{c^2}\frac{\partial \Phi}{\partial t} = 0. \tag{19.37}$$

Dann gelten für $\mathbf{A}$ und $\Phi$ die inhomogenen Wellengleichungen

$$\Box \mathbf{A} = -\mu_0 \mathbf{j}; \quad \Box \Phi = -\frac{\rho}{\epsilon_0}. \tag{19.38}$$

Führt man analog (19.28) ein

$$(A_\mu) = \left(\frac{i}{c}\Phi, \mathbf{A}\right), \tag{19.39}$$

so kann man die inhomogenen Wellengleichungen zusammenfassen zu

$$\Box A_\mu = -\mu_0 j_\mu \tag{19.40}$$

unter Verwendung von

$$\epsilon_0 \mu_0 = c^{-2}. \tag{19.41}$$

Da auf der rechten Seite von (19.40) die Komponenten eines Vierer-Vektors stehen und der Differentialoperator $\Box$ nach (19.23) ein Vierer-Skalar ist, erweisen sich die $A_\mu$ als Komponenten eines Vierer-Vektors.

Die Lorentz-Konvention (19.37) schreibt sich nun als:

$$\sum_\mu \frac{\partial}{\partial x_\mu} A_\mu = 0 \tag{19.42}$$

und ist gemäß (19.21) Lorentz-invariant.

### Ergebnis

Die Gl. (19.29) und (19.42) sind Lorentz-invariant, d. h. sie ändern sich nicht beim Übergang von einem Inertialsystem auf ein anderes. Wenn in $\Sigma$

$$\sum_{\mu} \frac{\partial}{\partial x_{\mu}} j_{\mu} = 0; \qquad \sum_{\mu} \frac{\partial}{\partial x_{\mu}} A_{\mu} = 0 \tag{19.43}$$

gilt, so auch in $\Sigma'$:

$$\sum_{\mu} \frac{\partial}{\partial x'_{\mu}} j'_{\mu} = 0; \qquad \sum_{\mu} \frac{\partial}{\partial x'_{\mu}} A'_{\mu} = 0. \tag{19.44}$$

Die 4 Gl. (19.40) sind kovariant, denn aus (19.40) in $\Sigma$ folgt für $\Sigma'$

$$\Box A'_{\mu} = -\mu_0 j'_{\mu}, \tag{19.45}$$

da:

$$\sum_{\nu} a_{\nu\mu} \Box A_{\mu} = \Box \sum_{\nu} a_{\nu\mu} A_{\mu} = \Box A'_{\mu} = -\mu_0 \sum_{\nu} a_{\nu\mu} j_{\mu} = -\mu_0 j'_{\mu}. \tag{19.46}$$

## 19.5 Ebene Wellen

Eine ebene Welle im Vakuum sei beschrieben in einem Inertialsystem $\Sigma$ durch

$$A_{\mu} = A_{\mu}^{(0)} \exp(i(\mathbf{k} \cdot \mathbf{r} - \omega t)) = A_{\mu}^{(0)} \exp\left(i \sum_{\lambda} k_{\lambda} x_{\lambda}\right) \tag{19.47}$$

mit den Abkürzungen:

$$k_0 = i\frac{\omega}{c}; \qquad k_1 = k_x; \qquad k_2 = k_y; \qquad k_3 = k_z. \tag{19.48}$$

Wegen der Kovarianz der homogenen Wellengleichung

$$\Box A_{\mu} = 0 \tag{19.49}$$

entsteht aus (19.47) in einem anderen System $\Sigma'$ wieder eine ebene Welle gemäß (19.18):

$$A'_\mu(x'_\rho) = \sum_\nu a_{\mu\nu} A_\nu(x_\lambda) = \left( \sum_\nu a_{\mu\nu} A_\nu^{(0)} \right) \exp\left( i \sum_\lambda k_\lambda x_\lambda \right) = A_\nu'^{(0)} \exp\left( i \sum_\lambda k'_\lambda x'_\lambda \right).$$

$$(19.50)$$

Die Phase der Welle muß also invariant sein:

$$\sum_\lambda k_\lambda x_\lambda = \sum_\lambda k'_\lambda x'_\lambda \tag{19.51}$$

wie im Fall einer punktförmigen Erregung, deren Wellenfronten in jedem Inertialsystem Kugelflächen sind, die sich mit der Geschwindigkeit $c$ fortpflanzen.

Da (19.51) die Form eines (invarianten) Skalarproduktes hat, sind $k_\mu$ die Komponenten eines Vierer-Vektors. Sie transformieren sich unter einer Lorentz-Transformation der Form (19.7) wie:

$$k'_x = \gamma \left( k_x - \frac{v}{c^2}\omega \right); \qquad k'_y = k_y; \qquad k'_z = k_z; \tag{19.52}$$

$$\omega' = \gamma(\omega - vk_x). \tag{19.53}$$

Benutzt man die Dispersionsrelation (für masselose Photonen)

$$\frac{\omega}{k} = c = \frac{\omega'}{k'} \tag{19.54}$$

und bezeichnet man mit $\phi$ und $\phi'$ die Winkel, die $\mathbf{k}$ und $\mathbf{k}'$ mit der Richtung von $\mathbf{v}$ (der $x$-Richtung im Fall von (19.17)) bilden, so wird:

$$\omega' = \gamma\omega(1 - \beta\cos\phi) \tag{19.55}$$

und

$$\cos\phi' = \frac{k}{k'}\gamma(\cos\phi - \beta) = \frac{\cos\phi - \beta}{1 - \beta\cos\phi}. \tag{19.56}$$

Gl. (19.55) beschreibt den **Doppler-Effekt,** der außer dem **longitudinalen** Effekt,

$$\omega' = \omega \frac{1 \mp \beta}{\sqrt{1 - \beta^2}} \approx \omega(1 \mp \beta) \tag{19.57}$$

für $\beta \ll 1$ und $\phi = 0, \pi$, auch noch einen **transversalen** Effekt beinhaltet,

$$\omega' = \gamma\omega = \frac{\omega}{\sqrt{1 - \beta^2}} \tag{19.58}$$

für $\phi = \pm\pi/2$, der ein typisch relativistisches Phänomen ist. Er wurde (1938) bei der Untersuchung der Strahlung bewegter Wasserstoffatome nachgewiesen. Bekanntestes Beispiel für den longitudinalen Effekt ist die **Rotverschiebung** des Lichts weit entfernter Galaxien, welche zeigt, daß diese Galaxien sich von uns wegbewegen.

## 19.6  Transformation der Felder E und B

Kennt man **A** und $\Phi$, so lassen sich die Felder **E** und **B** aus

$$\mathbf{B} = \nabla \times \mathbf{A}; \qquad \mathbf{E} = -\nabla\Phi - \frac{\partial \mathbf{A}}{\partial t} \tag{19.59}$$

berechnen. Wir wollen nun (19.59) auf die Koordinaten $x_\mu$ und die Komponenten des Vierer-Potentials $A_\mu$ umschreiben. Es wird z. B.:

$$\frac{i}{c}E_1 = \frac{\partial A_1}{\partial x_0} - \frac{\partial A_0}{\partial x_1}; \qquad B_1 = \frac{\partial A_3}{\partial x_2} - \frac{\partial A_2}{\partial x_3}. \tag{19.60}$$

Gl. (19.60) legt nahe, folgende antisymmetrische $4\times4$ Matrix einzuführen:

$$F_{\mu\nu} = \frac{\partial A_\nu}{\partial x_\mu} - \frac{\partial A_\mu}{\partial x_\nu} = -F_{\nu\mu}. \tag{19.61}$$

Sie hat genau 6 unabhängige Elemente, für die man gemäß (19.59), (19.60) findet:

$$F_{\mu\nu} = \begin{pmatrix} 0 & \frac{i}{c}E_1 & \frac{i}{c}E_2 & \frac{i}{c}E_3 \\ -\frac{i}{c}E_1 & 0 & B_3 & -B_2 \\ -\frac{i}{c}E_2 & -B_3 & 0 & B_1 \\ -\frac{i}{c}E_3 & B_2 & -B_1 & 0 \end{pmatrix}. \tag{19.62}$$

Die Matrix (19.61) ist ein Lorentz-Tensor 2. Stufe, denn:

$$F'_{\mu\nu} = \sum_{\lambda\rho} a_{\mu\lambda} a_{\nu\rho} \left\{ \frac{\partial A_\rho}{\partial x_\lambda} - \frac{\partial A_\lambda}{\partial x_\rho} \right\} = \sum_{\lambda\rho} a_{\mu\lambda} a_{\nu\rho} F_{\lambda\rho}. \tag{19.63}$$

Damit kennen wir auch das Transformationsverhalten der Felder **E** und **B**. Für die spezielle Transformation (19.7) findet man aus (19.63) und (19.62)

$$E'_x = E_x; \qquad B'_x = B_x; \qquad E'_y = \gamma(E_y - vB_z); \qquad B'_y = \gamma\left(B_y + \frac{v}{c^2}E_z\right);$$

$$E'_z = \gamma(E_z + vB_y); \qquad B'_z = \gamma\left(B_z - \frac{v}{c^2}E_y\right). \tag{19.64}$$

Allgemein gilt, daß die Parallel-Komponenten (zur Richtung von **v**) erhalten bleiben:

$$\mathbf{E}'_\parallel = \mathbf{E}_\parallel; \qquad \mathbf{B}'_\parallel = \mathbf{B}_\parallel, \tag{19.65}$$

während die Transversal-Komponenten sich ändern gemäß:

$$\mathbf{E}'_\perp = \gamma(\mathbf{E}_\perp + (\mathbf{v} \times \mathbf{B})); \qquad \mathbf{B}'_\perp = \gamma\left(\mathbf{B}_\perp - \frac{1}{c^2}(\mathbf{v} \times \mathbf{E})\right). \tag{19.66}$$

Die Umkehrung

$$\mathbf{E}_\perp = \gamma(\mathbf{E}'_\perp - (\mathbf{v} \times \mathbf{B}')); \qquad \mathbf{B}_\perp = \gamma\left(\mathbf{B}'_\perp + \frac{1}{c^2}(\mathbf{v} \times \mathbf{E}')\right) \tag{19.67}$$

erhält man analog dem Fall der Koordinatentransformationen. Die Gl. (19.66), (19.67) zeigen die zwangsläufige Verknüpfung der Felder **E** und **B** zum **elektromagnetischen Feld.**

## 19.7  Das Coulomb-Feld

Das Feld einer in $\Sigma'$ ruhenden Punktladung $q$ ist:

$$\mathbf{E}'(\mathbf{r}') = \frac{q}{4\pi\epsilon_0}\frac{\mathbf{r}'}{r'^3}; \qquad \mathbf{B}'(\mathbf{r}') = 0. \tag{19.68}$$

Nach (19.65), (19.67) wird daraus in einem gegenüber $\Sigma'$ mit der Geschwindigkeit $\mathbf{v} = (v, 0, 0)$ bewegten System $\Sigma$:

$$
\begin{aligned}
E_x &= E'_x = \frac{q}{4\pi\epsilon_0}\frac{\gamma(x - vt)}{(\gamma^2(x - vt)^2 + y^2 + z^2)^{3/2}}; \\[2mm]
E_y &= \gamma E'_y = \frac{q}{4\pi\epsilon_0}\frac{\gamma y}{(\gamma^2(x - vt)^2 + y^2 + z^2)^{3/2}}; \\[2mm]
E_z &= \gamma E'_z = \frac{q}{4\pi\epsilon_0}\frac{\gamma z}{(\gamma^2(x - vt)^2 + y^2 + z^2)^{3/2}}.
\end{aligned}
\tag{19.69}
$$

Dabei wurden $x', y', z'$ explizit nach Lorentz-Transformation als Funktion von $x, y, z$ geschrieben. Das Feld erscheint in $\Sigma$ wie in $\Sigma'$ als Zentralfeld; in $\Sigma$ ist es jedoch nicht mehr isotrop, da der Faktor $\gamma^2$ unter der Wurzel in (19.69) die $x$-Richtung gegenüber der $y$- und $z$-Richtung auszeichnet. Nach (19.67) sieht der Beobachter in $\Sigma$ ein Magnetfeld:

$$\mathbf{B} = \frac{1}{c^2}(\mathbf{v} \times \mathbf{E}), \tag{19.70}$$

da sich für ihn die Ladung $q$ bewegt, also einen Strom repräsentiert. Zur Veranschaulichung von (19.69) und (19.70) betrachten wir den Grenzfall $\gamma \gg 1$:

i) Nahe der $x$-Achse ($y, z \approx 0$; $x - vt \neq 0$) wird

$$E_x \approx \frac{1}{\gamma^2}\frac{q}{4\pi\epsilon_0}\frac{1}{(x - vt)^2}, \tag{19.71}$$

was gegenüber dem statischen Feld eine Reduktion der Feldstärke um den Faktor $\gamma^{-2}$ bedeutet.

ii) In der zur $y - z$-Ebene parallelen Ebene durch $q$ wird:

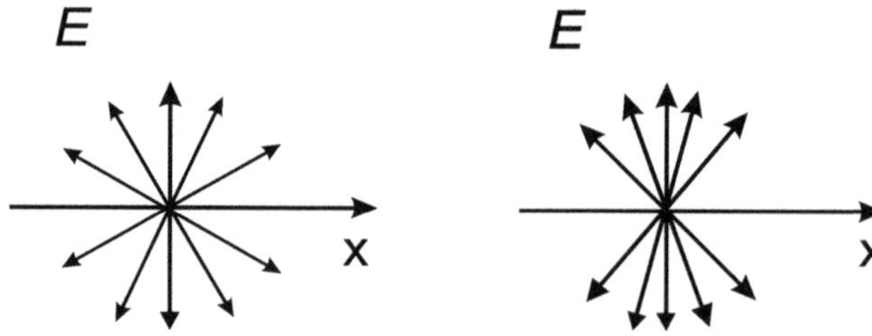

**Abb. 19.1** Feldlinien einer statischen (links) und geboosteten elektischen Ladung (rechts)

$$E_y = \frac{\gamma\, y}{(y^2 + z^2)^{3/2}}; \qquad E_z = \frac{\gamma\, z}{(y^2 + z^2)^{3/2}}, \tag{19.72}$$

was gegenüber dem statischen Feld eine Verstärkung um den Faktor $\gamma$ bedeutet. Die – radial gerichteten – Feldlinien sind also im Vergleich zum statischen Feld in Bewegungsrichtung **verdünnt,** senkrecht dazu **verdichtet** (siehe Abb. 19.1).

Für $\gamma \to \infty$ (ultra-relativistischer Fall) wird $\mathbf{E} \perp \mathbf{B}$, so daß mit (19.70) die Feldlinien des $\mathbf{B}$-Feldes konzentrisch um $q$ in der $y - z$-Ebene, d. h. senkrecht zur Bewegungsrichtung, verlaufen.

## Zusammenfassung

Die Grundgleichungen der Elektrodynamik sind kovariant bezüglich Lorentz-Transformationen, haben also in jedem Inertialsystem die gleiche Form. Sie genügen damit dem Einstein'schen Relativitätsprinzip. Weiterhin wurde die Transformation der Felder $\mathbf{E}$ und $\mathbf{B}$ mit Hilfe des Feldstärke-Tensors abgeleitet.

## Inhaltsverzeichnis



In diesem Anhang geben wir eine kurze Einführung in Volumen-, Oberflächen- und Wegintegrale, die insbesondere für die Mechanik und Elektrodynamik von Bedeutung sind. Außerdem werden der **Gauß'sche Satz** und der **Stoke'sche Satz** vorgestellt und anhand verschiedener Beispiele diskutiert, die dem Leser bei der Lösung physikalischer Probleme helfen sollen.

## 20.1  Volumenintegrale

In der Physik sind **Volumenintegrale** von besonderem Interesse; es handelt sich dabei um Dreifachintegrale, z. B. über einen Raumbereich $V$, d. h. $dV = d^3x$. Ein einfaches Beispiel in kartesischen Koordinaten $(x, y, z)$ für die Integration einer skalaren Funktion $\rho(x, y, z)$ über einen endlichen Quader ist:

$$\int_V dV \rho(x, y, z) := \int_{x_a}^{x_b} dx \int_{y_a}^{y_b} dy \int_{z_a}^{z_b} dz\, \rho(x, y, z) := \int_{x_a}^{x_b} dx \left( \int_{y_a}^{y_b} dy \left( \int_{z_a}^{z_b} dz\, \rho(x, y, z) \right) \right).$$

$$(20.1)$$

Hier ist $V$ das Volumen eines Quaders, der sich in der $x$-Richtung von $x_a$ nach $x_b$, in der $y$-Richtung von $y_a$ nach $y_b$ und in der $z$-Richtung von $z_a$ nach $z_b$ erstreckt. Die Funktion $\rho(x, y, z)$ ist beispielsweise eine Massendichte oder Ladungsdichte, die die Masse (oder




W. Cassing, *Theoretische Physik kompakt II*,
https://doi.org/10.1007/978-3-031-96471-8_20

Ladung) an der Position $\mathbf{r} = (x, y, z)$ definiert. Die Masse oder Ladung in einem infinitesimalen Volumen $dV$ um den Punkt $\mathbf{r}$ ist dann $\rho(x, y, z)\, dV = \rho(x, y, z)\, dx\, dy\, dz$.

**Beispiel 1:** Volumen $V_Q$ eines Quaders der Dimensionen $l, b, h$ Wir wählen ein kartesisches Koordinatensystem mit Ursprung $O$ in einer Ecke des Quaders und den angrenzenden Kanten mit den positiven Koordinatenhalbachsen:

$$V_Q = \int\limits_0^l dx \int\limits_0^b dy \int\limits_0^h dz\, 1 = lbh\,. \tag{20.2}$$

**Beispiel 2:** Volumen eines Zylinders mit Radius $R$ und Länge $L$ Wir wählen die kartesischen Koordinaten so, dass die $z$-Achse mit der Zylinderachse zusammenfällt und die untere Oberfläche des Zylinders in der $x$-$y$-Ebene bei $z = 0$ liegt, während die obere Oberfläche bei $z = L$ liegt. Das Innere des Zylinders ist dann: $0 < z < L, -R < x < R, -\sqrt{R^2 - x^2} < y < \sqrt{R^2 - x^2}$. Das Volumen in kartesischen Koordinaten wird wie folgt berechnet:

$$V_C = \int_C dV = \int\limits_0^L dz \int\limits_{-R}^R dx \int\limits_{-\sqrt{R^2-x^2}}^{\sqrt{R^2-x^2}} dy\, 1 = L \int\limits_{-R}^R dx\, 2\sqrt{R^2 - x^2}\,. \tag{20.3}$$

Dieses Integral kann im Prinzip durch die Substitution $x = R\cos\theta$ gelöst werden (für die Praxis empfohlen). Es ist einfacher, das Integral zu berechnen, wenn man die Koordinaten besser wählt, d. h. hier Zylinderkoordinaten:

$$V_C = \int_C dV = \int_0^R dr\, r \int_0^{2\pi} d\varphi \int_0^L dz = L \int_0^R dr\, r \int_0^{2\pi} d\varphi = 2\pi L \int_0^R dr\, r = \pi L R^2, \tag{20.4}$$

wobei die Transformation des Integrals in Zylinderkoordinaten eine Transformationsdeterminante $(r)$ enthält. Jedes Integral einer skalaren Funktion $f(x, y, z)$ über ein Zylindervolumen (Radius $R$ und Länge $L$) kann dann als

$$\int_C dx\, dy\, dz\, f(x, y, z) = \int_0^R r\, dr \int_0^{2\pi} d\varphi \int_0^L dz\, f(r\cos\varphi, r\sin\varphi, z)\,, \tag{20.5}$$

geschrieben werden, wenn man die Zylinderbasis bei $z = 0$ annimmt.

**Beispiel 3:** Integral von $f(x, y, z) = x^2 + y^2 - 2z^2$ über ein Zylindervolumen:

$$I = \int_Z dx\,dy\,dz\,(x^2 + y^2 - 2z^2) = \int_0^R r\, dr \int_0^{2\pi} d\varphi \int_0^L dz\,(r^2 - 2z^2) \tag{20.6}$$

$$= \int_0^R dr \int_0^{2\pi} d\varphi \int_0^L dz\,(r^3 - 2z^2 r) = 2\pi \int_0^R dr \int_0^L dz\,(r^3 - 2z^2 r) =$$

$$= 2\pi \int_0^R dr\,\left(r^3 L - 2r\frac{L^3}{3}\right) = 2\pi \left(\frac{R^4}{4}L - R^2\frac{L^3}{3}\right) = \pi L \left(\frac{R^4}{2} - \frac{2}{3}R^2 L^2\right).$$

**Beispiel 4:** Volumen eines Kegels in Zylinderkoordinaten. Der Abstand der Spitze von der Basis sei $h$ und der Radius der Basis sei $R$. Wir wählen das Koordinatensystem so, dass die $z$-Achse auf der Kegelachse liegt und die Spitze des Kegels im Ursprung liegt. $z = h$ (Boden), $r/z = R/h$ (A-Mantel); Innenraum: $0 < z < h, r < zR/h$:

$$V_{cone} = \int_0^h dz \int_0^{2\pi} d\varphi \int_0^{z\,R/h} dr\, r = \int_0^h dz\, 2\pi \underset{=}{\frac{z^2\, h^2}{}} \pi \frac{h^3}{3} \frac{R^2}{h^2} = \frac{1}{3}\, h\, \pi\, R^2\,. \tag{20.7}$$

Viele Probleme in der Physik haben Kugelsymmetrie, sodass Kugelkoordinaten eine geeignete Wahl sind. In diesem Fall ist die Transformationsdeterminante von kartesischen zu Kugelkoordinaten $r^2 \sin \vartheta$. Jedes Integral einer skalaren Funktion $f(x, y, z)$ über ein kugelförmiges Volumen $K(R)$ mit Radius $R$ kann dann auch als

$$\int_{K(R)} dx\, dy\, dz\, f(x, y, z) \tag{20.8}$$

$$= \int_0^R r^2\, dr \int_0^{2\pi} d\varphi \int_0^{\pi} \sin \vartheta\, d\vartheta\, f(r \sin \vartheta \cos \varphi, r \sin \vartheta \sin \varphi, r \cos \vartheta)$$

geschrieben werden.

**Beispiel 5:** Kugel mit Radius $R \to \infty$ (und Mittelpunkt am Koordinatenursprung) mit der Massendichte $\rho = \exp(-r/r_0)\ \text{g/cm}^3$ mit $r_0 = 1$ cm. Die Massendichte des sphärisch symmetrischen Systems hängt nur von $r = |\mathbf{r}|$ ab. Wir setzen $R = \infty$, $\rho_0 = 1\ \text{g/cm}^3$, $a = r/r_0$, $(r_0 da = dr)$; die Gesamtmasse $M$ berechnet sich dann wie folgt:

$$M = \int_V dV\, \rho(r) = \int_0^{\pi} d\vartheta\, \sin \vartheta \int_0^{2\pi} d\varphi \int_0^{\infty} dr\, r^2 \rho_0 \exp(-r/r_0) \tag{20.9}$$

$$= 2 \cdot 2\pi\, r_0^3\, \rho_0 \int_0^{\infty} a^2 \exp(-a) = 4\pi\, r_0^3\, \rho_0\, 2 = 8\pi\ [g] \approx 25\ [g],$$

mit Hilfe des zusätzlichen Integrals (partielle Integration):

$$\int_0^{\infty} da\, a^2 \exp(-a) \tag{20.10}$$

$$= -a^2 \exp(-a)\big|_0^{\infty} - \int_0^{\infty} da\, 2a\, (-1) \exp(-a) = -2 \int_0^{\infty} da\, (-1) \exp(-a) = 2.$$

## 20.2　Oberflächenintegrale von skalaren Funktionen

In einer Reihe physikalischer Probleme muß man skalare Funktionen $f(x, y, z)$ über die Oberfläche eines geometrischen Volumens integrieren. Die Integration über die Oberfläche eines Quaders $\partial Q$ enthält 6 Beiträge, d. h.

$$\int_{F=\partial Q} dF\, f(x, y, z) = \int_{y_a}^{y_b} dy \int_{z_a}^{z_b} dz\, f(x = x_a, y, z) + \int_{y_a}^{y_b} dy \int_{z_a}^{z_b} dz\, f(x = x_b, y, z)$$

$$+ \int_{y_a}^{y_b} dy \int_{x_a}^{x_b} dx\, f(x, y, z = z_a) + \int_{y_a}^{y_b} dy \int_{x_a}^{x_b} dx\, f(x, y, z = z_b)$$

$$+ \int_{z_a}^{z_b} dz \int_{x_a}^{x_b} dx\, f(x, y = y_a, z) + \int_{z_a}^{z_b} dz \int_{x_a}^{x_b} dx\, f(x, y = y_b, z). \tag{20.11}$$

Im Fall von Zylinderkoordinaten erhalten wir für die Integration über die Zylinderoberfläche 3 Beiträge aus der Boden- und Deckelfläche (bei $z = z_a$ und $z = z_b$) und der Mantelfläche ($r = R$):

$$\int_{F=\partial C} dF\, f(r, \varphi, z) = \int_0^R r\,dr \int_0^{2\pi} f(r, \varphi, z = z_a)$$

$$+ \int_0^R r\,dr \int_0^{2\pi} d\varphi\, f(r, \varphi, z = z_b) + \int_{z_a}^{z_b} dz \int_0^{2\pi} d\varphi\, R\, f(r = R, \varphi, z). \tag{20.12}$$

Im Fall einer Kugel $K(R)$ mit Radius $R$ gibt es nur eine Integration über den Beitrag der Kugeloberfläche (für $r = R$):

$$\int_{F=\partial K} dF\, f(r, \vartheta, \varphi) = \int_0^\pi \sin\vartheta\, d\vartheta \int_0^{2\pi} d\varphi\, R^2\, f(r = R, \vartheta, \varphi). \tag{20.13}$$

Wenn $f(r, \vartheta, \varphi)$ nicht von $\vartheta$ oder nur von $\cos\vartheta$ abhängt, ersetzen wir und erhalten

$$\int_{F=\partial K} dF\, f(r, \cos\vartheta, \varphi) = - \int_{\cos(0)}^{\cos(\pi)} d\cos\vartheta. \int_0^{2\pi} d\varphi\, R^2\, f(r = R, \cos\vartheta, \varphi) \tag{20.14}$$

$$= \int_{-1}^{1} d\cos\vartheta \int_0^{2\pi} d\varphi\, R^2\, f(r = R, \cos\vartheta, \varphi).$$

Im Spezialfall, dass $f$ nur von $r$ abhängt, erhalten wir das einfache Ergebnis:

$$\int_{F=\partial K} dF\, f(r) = \int_{-1}^{1} d\cos\vartheta \int_0^{2\pi} d\varphi\, R^2\, f(r = R) = 4\pi R^2 f(R), \tag{20.15}$$

d. h. die Funktion $f(r)$ im Punkt $r = R$ wird mit der Kugeloberfläche $4\pi R^2$ multipliziert.

## 20.3  Oberflächenintegrale von Vektorfeldern

Flächen in einer Ebene (z. B. der $(x, y)$-Ebene) haben neben ihrer Oberfläche auch eine Orientierung in 3 dim. Raum, d. h. in $\pm z$-Richtung (in diesem Fall). Für infinitesimale Flächen $d\mathbf{f}$ mit Fläche $|d\mathbf{f}|$ und Flächeneinheitsvektor $\mathbf{f}/|\mathbf{f}|$ - senkrecht zur Oberfläche – definiert man den Fluss eines Vektorfeldes $\mathbf{A}(\mathbf{r})$ durch die infinitesimale Fläche $d\mathbf{f}$ als Skalarprodukt, d. h.

$$d\Phi = \mathbf{A}(\mathbf{r}) \cdot d\mathbf{f}. \tag{20.16}$$

Die Verallgemeinerung auf endliche Flächen $F$ ist dann die Summe über alle infinitesimalen Flächen, also das Oberflächenintegral des Vektorfeldes $\mathbf{A}(\mathbf{r})$

$$\Phi = \int_F d\Phi = \int_F \mathbf{A}(\mathbf{r}) \cdot d\mathbf{f}. \tag{20.17}$$

**Beispiel** Wir betrachten eine Kreisfläche mit Radius $R$ und Mittelpunkt bei $z = 0$ in der $x, y$-Ebene. Der Kreisflächenvektor liege in der $+z$-Richtung. Der Fluss des Vektorfeldes $\mathbf{A}(\mathbf{r}) = (A_x(\mathbf{r}), A_y(\mathbf{r}), A_z(\mathbf{r}))$ durch diese Kreisfläche liefert nur das Oberflächenintegral der Komponente $A_z(x, y, z = 0)$, da $\mathbf{A} \cdot \mathbf{e}_z = A_z$: (in Zylinderkoordinaten)

$$\Phi = \int_F A_z(x, y, z = 0)\, dx dy = \int_0^{2\pi} d\varphi \int_0^R dr\, r\, A_z(r \cos\varphi, r \sin\varphi, z = 0). \tag{20.18}$$

Bei allgemeinen Flächen ist die Bestimmung des lokalen Oberflächenvektors nicht eindeutig. Bei geschlossenen Flächen kann diese Mehrdeutigkeit jedoch vermieden werden, indem die Richtung des Flächenvektors als **nach außen** definiert wird.

### Gauß'scher Integralsatz

Es ist oft sehr hilfreich, eine Verbindung zwischen einem Volumenintegral über die Divergenz eines Vektorfelds $\mathbf{A}(\mathbf{r})$ und einem Oberflächenintegral über den Rand des Volumens $F = \partial V$ mit dem Vektorfeld $\mathbf{A}(\mathbf{r})$ herzustellen. Insbesondere in der Elektrodynamik ermöglicht diese Verbindung eine einfache Berechnung zentraler Größen wie des elektrischen Feldes $\mathbf{E}(\mathbf{r})$. Der Integralsatz von Gauß stellt diesen Zusammenhang her, d. h. der Skalarfluss des Feldes $\mathbf{A}(\mathbf{r})$ durch die abgeschlossene Fläche $F = \partial V$ ist gleich dem Integral der Divergenz von $\mathbf{A}$ über das abgeschlossene Volumen $V$:

$$\int_{\partial V} \mathbf{A} \cdot d\mathbf{f} = \int_V (\nabla \cdot \mathbf{A}(\mathbf{r}))\, d\mathbf{V}. \tag{20.19}$$

Das Flächenelement $d\mathbf{f}$ ist eine gerichtete Größe und vertikal (nach außen) ausgerichtet. Abhängig von der Symmetrie des gegebenen Problems müssen geeignete Koordinaten gewählt werden.

**Beispiele**

1) Sei $V$ ein Würfel mit Seitenlänge $2a$ und Mittelpunkt im Koordinatenursprung und $\mathbf{A} = (0, 0, z)$. In diesem Fall ist es praktisch, **kartesische Koordinaten** zu verwenden. Mit

$$\nabla \cdot \mathbf{A} = 0 + 0 + 1 = 1 \tag{20.20}$$

wird das Volumenintegral zu

$$\int_{-a}^{a} dx \int_{-a}^{a} dy \int_{-a}^{a} dz\, 1 = (2a)(2a)(2a) = 8a^3. \tag{20.21}$$

Das Oberflächenintegral kann als

$$\int_{F=\partial V} \left( A_x dy dz + A_y dz dx + A_z dx dy \right) \tag{20.22}$$

geschrieben werden. Nur die $z$-Komponente des Feldes trägt zum Integral bei, da $A_x = A_y = 0$. Die durchzuführende Integration besteht daher aus zwei Termen, die den Seiten des Würfels für $z = a$ und $z = -a$ entsprechen. Das Oberflächenintegral ist daher

$$\int_{-a}^{a} dy \int_{-a}^{a} dx\, A_z(a) - \int_{-a}^{a} dy \int_{-a}^{a} dx\, A_z(-a) = \int_{-a}^{a} dy \int_{-a}^{a} dx\, a - \int_{-a}^{a} dy \int_{-a}^{a} dx\,(-a) \tag{20.23}$$
$$= a(2a)(2a) + a(2a)(2a) = 8a^3,$$

wobei das Minuszeichen vor dem zweiten Integral von der Orientierung der Seite $z = -a$ in der negativen $z$-Richtung herrührt.

2) Sei $V$ ein Zylinder mit Radius $R$, Höhe $h$ und Mittelpunkt am Koordinatenursprung und $\mathbf{A} = (x, y, z)$. In diesem Fall ist es praktisch, **Zylinderkoordinaten** zu verwenden. Mit

$$\nabla \cdot \mathbf{A} = 1 + 1 + 1 = 3 \tag{20.24}$$

ist das Volumenintegral

$$3 \int_{0}^{R} r\, dr \int_{0}^{2\pi} d\varphi \int_{-h/2}^{h/2} dz = 3 \left( \frac{R^2}{2} \right)(2\pi) \left( \frac{h}{2} - \frac{-h}{2} \right) = 3\pi R^2 h. \tag{20.25}$$

Um das Oberflächenintegral zu berechnen, müssen wir die Beiträge der Oberseite, der Unterseite und des Mantels des Zylinders addieren. Für den Boden erhalten wir:

$$\int_{0}^{2\pi} d\varphi \int_{0}^{R} r\, dr \begin{pmatrix} x \\ y \\ h/2 \end{pmatrix} \cdot \begin{pmatrix} 0 \\ 0 \\ 1 \end{pmatrix} = \int_{0}^{2\pi} d\varphi \int_{0}^{R} r\, dr\, \frac{h}{2} = \frac{\pi R^2 h}{2}. \tag{20.26}$$

Für die Spitze

$$\int_0^{2\pi} d\varphi \int_0^R r\,dr \begin{pmatrix} x \\ y \\ -h/2 \end{pmatrix} \cdot \begin{pmatrix} 0 \\ 0 \\ -1 \end{pmatrix} = \int_0^{2\pi} d\varphi \int_0^R r\,dr \frac{h}{2} = \frac{\pi R^2 h}{2}. \qquad (20.27)$$

Der Mantel ergibt

$$\int_0^{2\pi} d\varphi \int_{-h/2}^{h/2} dz\, R \begin{pmatrix} R\cos\varphi \\ R\sin\varphi \\ z \end{pmatrix} \cdot \begin{pmatrix} \cos\varphi \\ \sin\varphi \\ 0 \end{pmatrix} = \int_0^{2\pi} d\varphi \int_{-h/2}^{h/2} dz\, R^2 (\cos^2\varphi + \sin^2\varphi) = 2\pi R^2 h.$$

$$(20.28)$$

Die Summe aller Beiträge liefert auch den Wert $3\pi R^2 h$ für dieses Oberflächenintegral .
3) Sei $V$ eine Kugel mit Radius $R$ und Mittelpunkt im Koordinatenursprung und $\mathbf{A} = (x, y, z)$. In diesem Fall ist es am besten **Kugelkoordinaten** zu verwenden. Mit

$$\nabla \cdot \mathbf{A} = 1 + 1 + 1 = 3 \qquad (20.29)$$

ist das Volumenintegral

$$3 \int_0^R r^2 dr \int_0^{2\pi} d\varphi \int_{-1}^1 d(\cos\theta) = 3\left(\frac{R^3}{3}\right)(2\pi)2 = 4\pi R^3. \qquad (20.30)$$

Das Oberflächenintegral kann als

$$\int_0^{2\pi} d\varphi \int_{-1}^1 d(\cos\theta)\, R^2\, \mathbf{A}(R, \vartheta, \varphi) \cdot \mathbf{e}_r \qquad (20.31)$$

$$= \int_0^{2\pi} d\varphi \int_{-1}^1 d(\cos\theta)\, R^2 \begin{pmatrix} R\cos\varphi\sin\theta \\ R\sin\varphi\sin\theta \\ R\cos\theta \end{pmatrix} \cdot \begin{pmatrix} \cos\varphi\sin\theta \\ \sin\varphi\sin\theta \\ \cos\theta \end{pmatrix}$$

$$= \int_0^{2\pi} d\varphi \int_{-1}^1 d(\cos\theta)\, R^3 ((\cos^2\varphi + \sin^2\varphi)\sin^2\theta + \cos^2\theta)$$

$$= \int_0^{2\pi} d\varphi \int_{-1}^1 d(\cos\theta)\, R^3 = 4\pi R^3$$

geschrieben werden, was identisch ist mit (20.30).

## 20.4  Linienintegrale und Stokes' Integralsatz

Ein **gerichteter Pfad** (oder Weg) im Raum von einem Punkt $A$ zu einem Punkt $B$ ist durch Vektoren $\mathbf{r}(s)$ gekennzeichnet, die eine Parametrisierung des Pfades liefern, so daß $\mathbf{r}(a) = A$ und $\mathbf{r}(b) = B$. Der **Parameter** $s$ durchläuft alle Werte zwischen $a$ und $b$. Für einen geschlossenen Pfad gilt $\mathbf{r}(a) = A = B = \mathbf{r}(b)$.

**Beispiele**

1)  Jeder lineare Pfad von $A = (x_A, y_A, z_A)$ nach $B = (x_B, y_B, z_B)$ ist gegeben durch

$$\begin{pmatrix} x \\ y \\ z \end{pmatrix} = \begin{pmatrix} x_A \\ y_A \\ z_A \end{pmatrix} + s \begin{pmatrix} x_B - x_A \\ y_B - y_A \\ z_B - z_A \end{pmatrix} \quad \text{mit} \quad s \in [0, 1]. \tag{20.32}$$

Für $A = (0, 1, 0)$ und $B = (2, 2, 0)$ ergibt sich eine entsprechende Parametrisierung durch

$$\mathbf{r}(s) = \begin{pmatrix} x(s) \\ y(s) \\ z(s) \end{pmatrix} = \begin{pmatrix} 0 \\ 1 \\ 0 \end{pmatrix} + s \begin{pmatrix} 2 \\ 1 \\ 0 \end{pmatrix} \quad \text{mit} \quad s \in [0, 1]. \tag{20.33}$$

Geschlossene Pfade wie Dreiecke, Quadrate, Polygone etc. werden dann aus Teilen der Form (20.32) konstruiert.

2)  Ein Kreis in der x-y-Ebene mit Radius R und Mittelpunkt im Koordinatenursprung hat die Standardparametrisierung,

$$\mathbf{r}(s) = \begin{pmatrix} x(s) \\ y(s) \\ z(s) \end{pmatrix} = \begin{pmatrix} R \cos s \\ R \sin s \\ 0 \end{pmatrix} \quad \text{mit} \quad s \in [0, 2\pi]. \tag{20.34}$$

Für Teile des Kreisbogens ist der Parameter $s$ auf das entsprechende Intervall $[\theta_A, \theta_B]$ beschränkt.

3)  Eine Helix in z-Richtung mit Radius R wird durch

$$\mathbf{r}(s) = \begin{pmatrix} x(s) \\ y(s) \\ z(s) \end{pmatrix} = \begin{pmatrix} R \sin s \\ R \cos s \\ hs/(2\pi) \end{pmatrix} \quad \text{mit} \quad s \in [0, 2\pi], \tag{20.35}$$

beschrieben, wobei die Schraube nach einer Umdrehung die Höhe h erreicht. Im Fall einer unendlichen Schraubenlinie muss $s \in [0, \infty]$ gesetzt werden.

ii)  Mit der Definition eines gerichteten Pfades können wir das Pfadintegral (oder **Linienintegral**) eines Vektorfeldes $\mathbf{E}$ entlang des Pfades $S$ wie folgt definieren:

$$I_S = \int_S d\mathbf{r} \cdot \mathbf{E}(\mathbf{r}) = \int_a^b ds \left( \frac{d\mathbf{r}}{ds} \cdot \mathbf{E}(\mathbf{r}(s)) \right). \tag{20.36}$$

Auf diese Weise stellt sich ein **Linienintegral** eines Vektorfeldes als einfaches eindimensionales Integral heraus, da das Skalarprodukt von Vektoren eine Skalarfunktion ist (abhängig vom Parameter $s$).

**Physikalisches Beispiel:** Die Arbeit, die eine Kraft $\mathbf{F}(\mathbf{r})$ auf einen Körper entlang eines Weges $S$ verrichtet, ist

$$W = \int_S d\mathbf{r} \cdot \mathbf{F}(\mathbf{r}) = \int_{s_a}^{s_b} ds \left( \frac{d\mathbf{r}}{ds} \cdot \mathbf{F}(\mathbf{r}(s)) \right) = \int_{t_a}^{t_b} dt \left( \frac{d\mathbf{r}}{dt} \cdot \mathbf{F}(\mathbf{r}(t)) \right). \tag{20.37}$$

In diesem Fall hat der Parameter $s = t$ die Bedeutung einer Zeit und $\frac{d\mathbf{r}}{dt}$ die einer Geschwindigkeit.

**Beispiele**

1) Sei $\mathbf{E} = (y^2, y, z/4)$. Wir wollen das Linienintegral des Vektorfeldes $\mathbf{E}$ entlang eines Liniensegments von $A = (0, 0, 0)$ bis $B = (0, 1, 2)$ berechnen. In diesem Fall ist eine Parametrisierung des Pfades gegeben durch

$$\mathbf{r}(s) = \begin{pmatrix} x(s) \\ y(s) \\ z(s) \end{pmatrix} = s \begin{pmatrix} 0 \\ 1 \\ 2 \end{pmatrix} \quad \text{mit} \quad s \in [0, 1] \tag{20.38}$$

und für die Ableitung nach $s$ folgt

$$\frac{d\mathbf{r}}{ds} = \begin{pmatrix} 0 \\ 1 \\ 2 \end{pmatrix}. \tag{20.39}$$

Für das Linienintegral erhalten wir dann aus (20.36)

$$I_S = \int_0^1 ds \begin{pmatrix} 0 \\ 1 \\ 2 \end{pmatrix} \cdot \begin{pmatrix} s^2 \\ s \\ s/2 \end{pmatrix} = \int_0^1 ds \, (0 + s + s) = 2 \int_0^1 ds \, s = 1. \tag{20.40}$$

2) Sei $\mathbf{E} = (y, -x, z^3)$. Wir wollen das Linienintegral des Vektorfeldes $\mathbf{E}$ entlang des positiven Halbkreises vom Punkt $A = (R, 0, 0)$ nach $B = (-R, 0, 0)$ mit Radius $R$ und Mittelpunkt im Koordinatenursprung berechnen. In diesem Fall verwenden wir die

Parametrisierung des Pfades (20.34)

$$\mathbf{r}(s) = \begin{pmatrix} x(s) \\ y(s) \\ z(s) \end{pmatrix} = \begin{pmatrix} R\cos s \\ R\sin s \\ 0 \end{pmatrix} \qquad \text{mit} \quad s \in [0, \pi]; \qquad (20.41)$$

seine Ableitung ist

$$\frac{d\mathbf{r}}{ds} = \begin{pmatrix} -R\sin s \\ R\cos s \\ 0 \end{pmatrix} \qquad \text{mit} \quad s \in [0, \pi]. \qquad (20.42)$$

Das Linienintegral folgt aus (20.36)

$$I_S = \int_0^\pi ds \begin{pmatrix} -R\sin s \\ R\cos s \\ 0 \end{pmatrix} \cdot \begin{pmatrix} R\sin s \\ -R\cos s \\ 0 \end{pmatrix} = -\int_0^\pi ds\, R^2(\sin^2 s + \cos^2 s) = -\pi R^2.$$

$$(20.43)$$

Die **Länge eines Pfades** ist definiert durch

$$\int_S |d\mathbf{r}| = \int_a^b ds \left|\frac{d\mathbf{r}}{ds}\right| = \int_a^b ds \left(\frac{d\mathbf{r}}{ds} \cdot \frac{d\mathbf{r}}{ds}\right)^{1/2}. \qquad (20.44)$$

Betrachten wir als Beispiel die Bogenlänge eines Kreises mit Radius $R$:

$$L = \int_0^{2\pi} ds \left|\begin{pmatrix} -R\sin s \\ R\cos s \\ 0 \end{pmatrix}\right| = \int_0^{2\pi} ds\, \sqrt{R^2(\sin^2 s + \cos^2 s)} = 2\pi R. \qquad (20.45)$$

Stokes' **Theorem** gibt eine Antwort auf die Frage nach der **Weg(un)abhängigkeit** von Linienintegralen mit festen Start- und Endpunkten. Diese Frage ist insbesondere für den Begriff der Arbeit $W$ (20.37) wichtig, da man für eine gegebene Kraft $\mathbf{F}(\mathbf{r})$ unterschiedliche Arbeit leisten könnte, um einen Körper auf unterschiedliche Weise von $A$ nach $B$ zu bewegen.

Wir betrachten nun zwei unterschiedliche Wege $S_1$ und $S_2$, die die Punkte $A$ und $B$ verbinden. Für ein beliebiges Vektorfeld $\mathbf{E}$ gilt üblicherweise

$$\int_{S_1} d\mathbf{r} \cdot \mathbf{E}(\mathbf{r}) \neq \int_{S_2} d\mathbf{r} \cdot \mathbf{E}(\mathbf{r}). \qquad (20.46)$$

Die notwendige (und hinreichende) Voraussetzung für die Pfadunabhängigkeit des Linienintegrals eines Vektorfeldes ergibt sich aus dem **Satz von Stokes:**

$$\int_{S=\partial F} d\mathbf{r} \cdot \mathbf{E}(\mathbf{r}) = \int_F (\nabla \times \mathbf{E}) \cdot d\mathbf{f}. \qquad (20.47)$$

Hier wird das Linienintegral von $\mathbf{E}(\mathbf{r})$ entlang eines **geschlossenen** Weges $S$ betrachtet, der eine orientierte Fläche $F$ hat. Wir schreiben kurz: $S = \partial F$. Die Drehrichtung der Kurve wird so gewählt, dass die Drehrichtung der Kante des Flächenelements mit der Flächennormalen eine rechtsgängige Schraube bildet.

Wir behaupten nun, dass die Wegunabhängigkeit des Linienintegrals von $\mathbf{E}(\mathbf{r})$ genau dann besteht, wenn

$$\nabla \times \mathbf{E} = 0. \tag{20.48}$$

Für den **Beweis** betrachten wir zwei verschiedene Wege $S_1$ und $S_2$ von $A$ nach $B$. Nehmen wir zunächst den Weg $S_1$ von $A$ nach $B$ und dann den Weg $S_2$ zurück von $B$ nach $A$ (in umgekehrter Richtung); so erhalten wir einen geschlossenen Weg mit einer umschlossenen Fläche $F \neq 0$, also nach Stokes' Theorem:

$$\int_{S_1} d\mathbf{r} \cdot \mathbf{E}(\mathbf{r}) - \int_{S_2} d\mathbf{r} \cdot \mathbf{E}(\mathbf{r}) = \int_F (\nabla \times \mathbf{E}) \cdot d\mathbf{f}. \tag{20.49}$$

Wenn also Gl. (20.48) erfüllt ist, ist die rechte Seite der Gl. (20.49) Null, d. h. die Differenz der Pfadintegrale muss verschwinden.

**Beispiel**  Sei $\mathbf{E} = (z^5 + x, 2x, 0)$. Wir wollen den Satz von Stokes für den Weg über den positiven Halbkreis vom Punkt $A = (R, 0, 0)$ nach $B = (-R, 0, 0)$ mit Radius $R$ und Mittelpunkt im Koordinatenursprung und von einer Geraden von $B$ nach $A$ verifizieren.

Für das Linienintegral berechnen wir zunächst den Beitrag des Halbkreises. Die entsprechende Parametrisierung ergibt sich aus (20.34),

$$I_1 = \int_0^\pi ds \begin{pmatrix} -R\sin s \\ R\cos s \\ 0 \end{pmatrix} \cdot \begin{pmatrix} 0 + R\cos s \\ 2R\cos s \\ 0 \end{pmatrix} = \int_0^\pi ds\, R^2(-\cos s \sin s + 2\cos^2 s)$$

$$= R^2\left[ -\frac{\sin^2 s}{2} + s + \sin s \cos s \right]_0^\pi = \pi R^2.$$

Der Beitrag der Geraden kann wie folgt berechnet werden:

$$I_2 = \int_0^1 ds \begin{pmatrix} 2R \\ 0 \\ 0 \end{pmatrix} \cdot \begin{pmatrix} 0 + 2Rs - R \\ 4Rs - 2R \\ 0 \end{pmatrix} = \int_0^1 ds\, 2R^2(2s - 1) = 2R^2\left[s^2 - s\right]_0^1 = 0. \tag{20.50}$$

Nun die Berechnung über das Oberflächenintegral: Da die eingeschlossene Oberfläche in $z$-Richtung orientiert ist, benötigen wir nur die $z$-Komponente der Rotation des Feldes:

$$(\nabla \times \mathbf{E})_z = \left( \frac{\partial}{\partial x} E_y - \frac{\partial}{\partial y} E_x \right) = 2 + 0 = 2. \tag{20.51}$$

Das Oberflächenintegral ist also

$$I_F = 2 \int_0^R r\,dr \int_0^\pi d\varphi = 2 \left( \frac{R^2}{2} \right) \pi = \pi R^2 \tag{20.52}$$

in Übereinstimmung mit dem Satz von Stokes.

# Stichwortverzeichnis




© Der/die Autor(en), exklusiv lizenziert an Springer Nature Switzerland AG 2025
W. Cassing, *Theoretische Physik kompakt II*,
https://doi.org/10.1007/978-3-031-96471-8

MIX
Papier aus verantwortungsvollen Quellen
Paper from responsible sources
FSC® C105338

If you have any concerns about our products,
you can contact us on
**ProductSafety@springernature.com**

In case Publisher is established outside the EU,
the EU authorized representative is:
**Springer Nature Customer Service Center GmbH
Europaplatz 3, 69115 Heidelberg, Germany**

Printed by Libri Plureos GmbH
in Hamburg, Germany